全国科学技术名词审定委员会

公　布

科学技术名词·工程技术卷（全藏版）

5

地理信息系统名词

（第二版）

CHINESE TERMS IN GEOGRAPHIC
INFORMATION SYSTEM

（Second Edition）

地理信息系统名词审定委员会

国家自然科学基金资助项目

科　学　出　版　社

北　京

内 容 简 介

　　本书是全国科学技术名词审定委员会审定公布的地理信息系统名词（第二版），内容包括基本概念、技术与应用两大类，共收词 1469 条。本书对 2002 年公布的《地理信息系统名词》作了少量修正，增加了一些新词，每条词均给出了定义或注释。书末附有英汉、汉英两种索引，以便读者检索。本书公布的名词是科研、教学、生产、经营以及新闻出版等部门应遵照使用的地理信息系统规范名词。

图书在版编目(CIP)数据

科学技术名词. 工程技术卷：全藏版 / 全国科学技术名词审定委员会审定.
—北京：科学出版社，2016.01
　ISBN 978-7-03-046873-4

　I. ①科… 　II. ①全… 　III. ①科学技术–名词术语 ②工程技术–名词术语
IV. ①N-61 ②TB-61

　中国版本图书馆 CIP 数据核字(2015)第 307218 号

责任编辑：李玉英 / 责任校对：陈玉凤
责任印制：张 伟 / 封面设计：铭轩堂

科 学 出 版 社 出版
北京东黄城根北街 16 号
邮政编码：100717
http://www.sciencep.com
北京厚诚则铭印刷科技有限公司印刷
科学出版社发行　各地新华书店经销
*
2016 年 1 月第 一 版　　开本：787×1092 1/16
2016 年 1 月第一次印刷　　印张：9
字数：220 000
定价：7800.00 元（全 44 册）
（如有印装质量问题，我社负责调换）

全国科学技术名词审定委员会
第六届委员会委员名单

特邀顾问：宋　健　许嘉璐　韩启德

主　　任：路甬祥

副主任：刘成军　曹健林　孙寿山　武　寅　谢克昌　林蕙青
　　　　王　杰　刘　青

常　　委（按姓氏笔画为序）：
　　　　王永炎　寿晓松　李宇明　李济生　沈爱民　张礼和　张先恩
　　　　张晓林　张焕乔　陆汝钤　陈运泰　金德龙　柳建尧　贺　化
　　　　韩　毅

委　　员（按姓氏笔画为序）：
　　　　卜宪群　王　正　王　巍　王　夔　王玉平　王克仁　王虹峥
　　　　王振中　王铁琨　王德华　卞毓麟　文允镒　方开泰　尹伟伦
　　　　尹韵公　石力开　叶培建　冯志伟　冯惠玲　母国光　师昌绪
　　　　朱　星　朱士恩　朱建平　朱道本　仲增墉　刘　民　刘大响
　　　　刘功臣　刘西拉　刘汝林　刘跃进　刘瑞玉　闫志坚　严加安
　　　　苏国辉　李　林　李　巍　李传夔　李国玉　李承森　李保国
　　　　李培林　李德仁　杨　鲁　杨星科　步　平　肖序常　吴　奇
　　　　吴有生　吴志良　何大澄　何华武　汪文川　沈　恂　沈家煊
　　　　宋　彤　宋天虎　张　侃　张　耀　张人禾　张玉森　陆延昌
　　　　阿里木·哈沙尼　阿迪雅　陈　阜　陈有明　陈锁祥　卓新平
　　　　罗　玲　罗桂环　金伯泉　周凤起　周远翔　周应祺　周明鑑
　　　　周定国　周荣耀　郑　度　郑述谱　房　宁　封志明　郝时远
　　　　宫辉力　费　麟　胥燕婴　姚伟彬　姚建新　贾弘禔　高英茂
　　　　郭重庆　桑　旦　黄长著　黄玉山　董　鸣　董　琨　程恩富
　　　　谢地坤　照日格图　　　　鲍　强　窦以松　谭华荣　潘书祥

地理信息系统名词审定委员会委员名单

第一届委员(1998—2002)

顾　　问：陈述彭

主　　任：徐冠华

副主任：李德仁　　蒋景瞳　　李　京

委　　员（按姓氏笔画为序）：

王增藩	文江平	叶嘉安	史文中	刘若梅
杜道生	李小娟	李志林	陈子坦	陈秀万
陈晓勇	林　珲	季　维	周成虎	周启鸣
周春平	赵文吉	宫辉力	夏宗国	龚健雅
彭望琭				

秘　　书：李　雄　　张弘芬　　吴登洲

第二届委员(2003—2012)

主　　任：宫辉力

副主任：李　京

委　　员（按姓氏笔画为序）：

王　桥	王彦兵	王艳慧	文江平	邓　磊
刘若梅	孙永华	杜道生	李小娟	李玉英
李家存	何政伟	张立燕	张有全	张志强
陈云浩	易善桢	周春平	赵文吉	胡卓玮
胡德勇	段福洲	费立凡	曹　巍	蒋景瞳
潘　云				

秘　　书：王彦兵(兼)

路甬祥序

  我国是一个人口众多、历史悠久的文明古国,自古以来就十分重视语言文字的统一,主张"书同文、车同轨",把语言文字的统一作为民族团结、国家统一和强盛的重要基础和象征。我国古代科学技术十分发达,以四大发明为代表的古代文明,曾使我国居于世界之巅,成为世界科技发展史上的光辉篇章。而伴随科学技术产生、传播的科技名词,从古代起就已成为中华文化的重要组成部分,在促进国家科技进步、社会发展和维护国家统一方面发挥着重要作用。

  我国的科技名词规范统一活动有着十分悠久的历史。古代科学著作记载的大量科技名词术语,标志着我国古代科技之发达及科技名词之活跃与丰富。然而,建立正式的名词审定组织机构则是在清朝末年。1909 年,我国成立了科学名词编订馆,专门从事科学名词的审定、规范工作。到了新中国成立之后,由于国家的高度重视,这项工作得以更加系统地、大规模地开展。1950 年政务院设立的学术名词统一工作委员会,以及 1985 年国务院批准成立的全国自然科学名词审定委员会(现更名为全国科学技术名词审定委员会,简称全国科技名词委),都是政府授权代表国家审定和公布规范科技名词的权威性机构和专业队伍。他们肩负着国家和民族赋予的光荣使命,秉承着振兴中华的神圣职责,为科技名词规范统一事业默默耕耘,为我国科学技术的发展做出了基础性的贡献。

  规范和统一科技名词,不仅在消除社会上的名词混乱现象,保障民族语言的纯洁与健康发展等方面极为重要,而且在保障和促进科技进步,支撑学科发展方面也具有重要意义。一个学科的名词术语的准确定名及推广,对这个学科的建立与发展极为重要。任何一门科学(或学科),都必须有自己的一套系统完善的名词来支撑,否则这门学科就立不起来,就不能成为独立的学科。郭沫若先生曾将科技名词的规范与统一称为"乃是一个独立自主国家在学术工作上所必须具备的条件,也是实现学术中国化的最起码的条件",精辟地指出了这项基础性、支撑性工作的本质。

  在长期的社会实践中,人们认识到科技名词的规范和统一工作对于一个国家的科技发展和文化传承非常重要,是实现科技现代化的一项支撑性的系统工程。没有这样一个系统的规范化的支撑条件,不仅现代科技的协调发展将遇到极大困难,而且在科技日益渗透人们生活各方面、各环节的今天,还将给教育、传播、交流、经贸等多方面带来困难和损害。

全国科技名词委自成立以来,已走过近20年的历程,前两任主任钱三强院士和卢嘉锡院士为我国的科技名词统一事业倾注了大量的心血和精力,在他们的正确领导和广大专家的共同努力下,取得了卓著的成就。2002年,我接任此工作,时逢国家科技、经济飞速发展之际,因而倍感责任的重大;及至今日,全国科技名词委已组建了60个学科名词审定分委员会,公布了50多个学科的63种科技名词,在自然科学、工程技术与社会科学方面均取得了协调发展,科技名词蔚成体系。而且,海峡两岸科技名词对照统一工作也取得了可喜的成绩。对此,我实感欣慰。这些成就无不凝聚着专家学者们的心血与汗水,无不闪烁着专家学者们的集体智慧。历史将会永远铭刻着广大专家学者孜孜以求、精益求精的艰辛劳作和为祖国科技发展做出的奠基性贡献。宋健院士曾在1990年全国科技名词委的大会上说过:"历史将表明,这个委员会的工作将对中华民族的进步起到奠基性的推动作用。"这个预见性的评价是毫不为过的。

科技名词的规范和统一工作不仅仅是科技发展的基础,也是现代社会信息交流、教育和科学普及的基础,因此,它是一项具有广泛社会意义的建设工作。当今,我国的科学技术已取得突飞猛进的发展,许多学科领域已接近或达到国际前沿水平。与此同时,自然科学、工程技术与社会科学之间交叉融合的趋势越来越显著,科学技术迅速普及到了社会各个层面,科学技术同社会进步、经济发展已紧密地融为一体,并带动着各项事业的发展。所以,不仅科学技术发展本身产生的许多新概念、新名词需要规范和统一,而且由于科学技术的社会化,社会各领域也需要科技名词有一个更好的规范。另一方面,随着香港、澳门的回归,海峡两岸科技、文化、经贸交流不断扩大,祖国实现完全统一更加迫近,两岸科技名词对照统一任务也十分迫切。因而,我们的名词工作不仅对科技发展具有重要的价值和意义,而且在经济发展、社会进步、政治稳定、民族团结、国家统一和繁荣等方面都具有不可替代的特殊价值和意义。

最近,中央提出树立和落实科学发展观,这对科技名词工作提出了更高的要求。我们要按照科学发展观的要求,求真务实,开拓创新。科学发展观的本质与核心是以人为本,我们要建设一支优秀的名词工作队伍,既要保持和发扬老一辈科技名词工作者的优良传统,坚持真理、实事求是、甘于寂寞、淡泊名利,又要根据新形势的要求,面向未来、协调发展、与时俱进、锐意创新。此外,我们要充分利用网络等现代科技手段,使规范科技名词得到更好的传播和应用,为迅速提高全民文化素质做出更大贡献。科学发展观的基本要求是坚持以人为本,全面、协调、可持续发展,因此,科技名词工作既要紧密围绕当前国民经济建设形势,着重开展好科技领域的学科名词审定工作,同时又要在强调经济社会以及人与自然协调发展的思想指导下,开展好社会科学、文化教育和资源、生态、环境领域的科学名词审定工作,促进各个学科领域的相互融合和共同繁荣。科学发展观非常注重可持续发展的理念,因此,我们在不断丰富和发展已建立的科技名词体系的同时,还要进一步研究具有中国特色的术语学理论,以创建中国的术语学派。研究和建立中国特色的术语学理论,也是一种知识创新,是实现科技名词工作可持续发展的必由之路,我们应当为此付出更大的努力。

当前国际社会已处于以知识经济为走向的全球经济时代,科学技术发展的步伐将会越来越快。我国已加入世贸组织,我国的经济也正在迅速融入世界经济主流,因而国内外科技、文化、经贸的交流将越来越广泛和深入。可以预言,21 世纪中国的经济和中国的语言文字都将对国际社会产生空前的影响。因此,在今后 10 到 20 年之间,科技名词工作就变得更具现实意义,也更加迫切。"路漫漫其修远兮,吾今上下而求索",我们应当在今后的工作中,进一步解放思想,务实创新、不断前进。不仅要及时地总结这些年来取得的工作经验,更要从本质上认识这项工作的内在规律,不断地开创科技名词统一工作新局面,做出我们这代人应当做出的历史性贡献。

2004 年深秋

卢 嘉 锡 序

科技名词伴随科学技术而生,犹如人之诞生其名也随之产生一样。科技名词反映着科学研究的成果,带有时代的信息,铭刻着文化观念,是人类科学知识在语言中的结晶。作为科技交流和知识传播的载体,科技名词在科技发展和社会进步中起着重要作用。

在长期的社会实践中,人们认识到科技名词的统一和规范化是一个国家和民族发展科学技术的重要的基础性工作,是实现科技现代化的一项支撑性的系统工程。没有这样一个系统的规范化的支撑条件,科学技术的协调发展将遇到极大的困难。试想,假如在天文学领域没有关于各类天体的统一命名,那么,人们在浩瀚的宇宙当中,看到的只能是无序的混乱,很难找到科学的规律。如是,天文学就很难发展。其他学科也是这样。

古往今来,名词工作一直受到人们的重视。严济慈先生60多年前说过,"凡百工作,首重定名;每举其名,即知其事"。这句话反映了我国学术界长期以来对名词统一工作的认识和做法。古代的孔子曾说"名不正则言不顺",指出了名实相副的必要性。荀子也曾说"名有固善,径易而不拂,谓之善名",意为名有完善之名,平易好懂而不被人误解之名,可以说是好名。他的"正名篇"即是专门论述名词术语命名问题的。近代的严复则有"一名之立,旬月踟蹰"之说。可见在这些有学问的人眼里,"定名"不是一件随便的事情。任何一门科学都包含很多事实、思想和专业名词,科学思想是由科学事实和专业名词构成的。如果表达科学思想的专业名词不正确,那么科学事实也就难以令人相信了。

科技名词的统一和规范化标志着一个国家科技发展的水平。我国历来重视名词的统一与规范工作。从清朝末年的科学名词编订馆,到1932年成立的国立编译馆,以及新中国成立之初的学术名词统一工作委员会,直至1985年成立的全国自然科学名词审定委员会(现已改名为全国科学技术名词审定委员会,简称全国名词委),其使命和职责都是相同的,都是审定和公布规范名词的权威性机构。现在,参与全国名词委领导工作的单位有中国科学院、科学技术部、教育部、中国科学技术协会、国家自然科学基金委员会、新闻出版署、国家质量技术监督局、国家广播电影电视总局、国家知识产权局和国家语言文字工作委员会,这些部委各自选派了有关领导干部担任全国名词委的领导,有力地推动科技名词的统一和推广应用工作。

全国名词委成立以后,我国的科技名词统一工作进入了一个新的阶段。在第一任主任委员钱三强同志的组织带领下,经过广大专家的艰苦努力,名词规范和统一工作取得了显著的成绩。1992年三强同志不幸谢世。我接任后,继续推动和开展这项工作。在国家和有关部门的支持及广大专家学者的努力下,全国名词委15年来按学科共组建了50多个学科的名词审定分委员会,有1800多位专家、学者参加名词审定工作,还有更多的专家、学者参加书面审查和座谈讨论等,形成的科技名词工作队伍规模之大、水平层次之高前所未有。15年间共审定公布了包括理、工、农、医及交叉学科等各学科领域的名词共计50多种。而且,对名词加注定义的工作经试点后业已逐渐展开。另外,遵照术语学理论,根据汉语汉字特点,结合科技名词审定工作实践,全国名词委制定并逐步完善了一套名词审定工作的原则与方法。可以说,在20世纪的最后15年中,我国基本上建立起了比较完整的科技名词体系,为我国科技名词的规范和统一奠定了良好的基础,对我国科研、教学和学术交流起到了很好的作用。

在科技名词审定工作中,全国名词委密切结合科技发展和国民经济建设的需要,及时调整工作方针和任务,拓展新的学科领域开展名词审定工作,以更好地为社会服务、为国民经济建设服务。近些年来,又对科技新词的定名和海峡两岸科技名词对照统一工作给予了特别的重视。科技新词的审定和发布试用工作已取得了初步成效,显示了名词统一工作的活力,跟上了科技发展的步伐,起到了引导社会的作用。两岸科技名词对照统一工作是一项有利于祖国统一大业的基础性工作。全国名词委作为我国专门从事科技名词统一的机构,始终把此项工作视为自己责无旁贷的历史性任务。通过这些年的积极努力,我们已经取得了可喜的成绩。做好这项工作,必将对弘扬民族文化,促进两岸科教、文化、经贸的交流与发展做出历史性的贡献。

科技名词浩如烟海,门类繁多,规范和统一科技名词是一项相当繁重而复杂的长期工作。在科技名词审定工作中既要注意同国际上的名词命名原则与方法相衔接,又要依据和发挥博大精深的汉语文化,按照科技的概念和内涵,创造和规范出符合科技规律和汉语文字结构特点的科技名词。因而,这又是一项艰苦细致的工作。广大专家学者字斟句酌,精益求精,以高度的社会责任感和敬业精神投身于这项事业。可以说,全国名词委公布的名词是广大专家学者心血的结晶。这里,我代表全国名词委,向所有参与这项工作的专家学者们致以崇高的敬意和衷心的感谢!

审定和统一科技名词是为了推广应用。要使全国名词委众多专家多年的劳动成果——规范名词,成为社会各界及每位公民自觉遵守的规范,需要全社会的理解和支持。国务院和4个有关部委[国家科委(今科学技术部)、中国科学院、国家教委(今教育部)和新闻出版署]已分别于1987年和1990年行文全国,要求全国各科研、教学、生产、经营以及新闻出版等单位遵照使用全国名词委审定公布的名词。希望社会各界自觉认真地执行,共同做好这项对于科技发展、社会进步和国家统一极为重要的基础工作,为振兴中华而努力。

值此全国名词委成立15周年、科技名词书改装之际,写了以上这些话。是为序。

卢嘉锡

2000年夏

钱 三 强 序

科技名词术语是科学概念的语言符号。人类在推动科学技术向前发展的历史长河中,同时产生和发展了各种科技名词术语,作为思想和认识交流的工具,进而推动科学技术的发展。

我国是一个历史悠久的文明古国,在科技史上谱写过光辉篇章。中国科技名词术语,以汉语为主导,经过了几千年的演化和发展,在语言形式和结构上体现了我国语言文字的特点和规律,简明扼要,蓄意深切。我国古代的科学著作,如已被译为英、德、法、俄、日等文字的《本草纲目》《天工开物》等,包含大量科技名词术语。从元、明以后,开始翻译西方科技著作,创译了大批科技名词术语,为传播科学知识,发展我国的科学技术起到了积极作用。

统一科技名词术语是一个国家发展科学技术所必须具备的基础条件之一。世界经济发达国家都十分关心和重视科技名词术语的统一。我国早在 1909 年就成立了科学名词编订馆,后又于 1919 年中国科学社成立了科学名词审定委员会,1928 年大学院成立了译名统一委员会。1932 年成立了国立编译馆,在当时教育部主持下先后拟订和审查了各学科的名词草案。

新中国成立后,国家决定在政务院文化教育委员会下,设立学术名词统一工作委员会,郭沫若任主任委员。委员会分设自然科学、社会科学、医药卫生、艺术科学和时事名词五大组,聘任了各专业著名科学家、专家,审定和出版了一批科学名词,为新中国成立后的科学技术的交流和发展起到了重要作用。后来,由于历史的原因,这一重要工作陷于停顿。

当今,世界科学技术迅速发展,新学科、新概念、新理论、新方法不断涌现,相应地出现了大批新的科技名词术语。统一科技名词术语,对科学知识的传播,新学科的开拓,新理论的建立,国内外科技交流,学科和行业之间的沟通,科技成果的推广、应用和生产技术的发展,科技图书文献的编纂、出版和检索,科技情报的传递等方面,都是不可缺少的。特别是计算机技术的推广使用,对统一科技名词术语提出了更紧迫的要求。

为适应这种新形势的需要,经国务院批准,1985 年 4 月正式成立了全国自然科学名词审定委员会。委员会的任务是确定工作方针,拟定科技名词术语审定工作计划、实施方案和步骤,组织审定自然科学各学科名词术语,并予以公布。根据国务院授权,委员会审定公布的名词术语,科研、教学、生产、经营以及新闻出版等各部门,均应遵照使用。

全国自然科学名词审定委员会由中国科学院、国家科学技术委员会、国家教育委员会、中国科学技术协会、国家技术监督局、国家新闻出版署、国家自然科学基金委员会分别委派了正、副主任担任领导工作。在中国科协各专业学会密切配合下,逐步建立各专业审定分委员会,并已建立起一支由各学科著名专家、学者组成的近千人的审定队伍,负责审定本学科的名词术语。我国的名词审定工作进入了一个新的阶段。

这次名词术语审定工作是对科学概念进行汉语订名,同时附以相应的英文名称,既有我国语言特色,又方便国内外科技交流。通过实践,初步摸索了具有我国特色的科技名词术语审定的原则与方法,以及名词术语的学科分类、相关概念等问题,并开始探讨当代术语学的理论和方法,以期逐步建立起符合我国语言规律的自然科学名词术语体系。

统一我国的科技名词术语,是一项繁重的任务,它既是一项专业性很强的学术性工作,又涉及到亿万人使用习惯的问题。审定工作中我们要认真处理好科学性、系统性和通俗性之间的关系;主科与副科间的关系;学科间交叉名词术语的协调一致;专家集中审定与广泛听取意见等问题。

汉语是世界五分之一人口使用的语言,也是联合国的工作语言之一。除我国外,世界上还有一些国家和地区使用汉语,或使用与汉语关系密切的语言。做好我国的科技名词术语统一工作,为今后对外科技交流创造了更好的条件,使我炎黄子孙,在世界科技进步中发挥更大的作用,做出重要的贡献。

统一我国科技名词术语需要较长的时间和过程,随着科学技术的不断发展,科技名词术语的审定工作,需要不断地发展、补充和完善。我们将本着实事求是的原则,严谨的科学态度做好审定工作,成熟一批公布一批,提供各界使用。我们特别希望得到科技界、教育界、经济界、文化界、新闻出版界等各方面同志的关心、支持和帮助,共同为早日实现我国科技名词术语的统一和规范化而努力。

1992 年 2 月

第二版前言

地理信息系统从 20 世纪 60 年代提出,至今 50 余年的发展,在地理信息系统理论研究、技术开发、实际应用等方面都取得了长足进展,日趋成熟,应用到国民经济的各个领域,已逐渐发展成为新兴的高科技产业。

随着地理信息系统快速发展,以及与其他学科的交叉融合,应用了新方法、新技术,产生了大量的新名词,为统一规范地理信息系统名词,全国科学技术名词审定委员会于 2002 年公布了《地理信息系统名词》。为便于科技交流,对名词概念内涵的理解一致,以及确保科技名词的完整性,应进一步对地理信息系统名词进行修订和增加定义。

鉴于此,第二届地理信息系统名词审定委员会受全国科学技术名词审定委员会委托,在《地理信息系统名词》(第一版)基础之上对地理信息系统名词进一步开展修订、增加定义工作。本届委员会前后在北京、大连、张家界、上海、威海等地召开了全体委员会和十余次研讨会,并通过电子邮件交换修改补充意见。经过反复研讨,对地理信息系统名词进行了认真研究,删除了近年来不常使用的一些名词,增加了新的与地理信息系统相关的名词,最后选用定义名词 1469 条。

本次审定的是地理信息系统名词中的基本词和新词,配以国际上习惯使用的英语词和缩略语等。汉语名词按"基本概念"、"技术与应用"两大部分分别排列。

在几年的审定工作过程中,科学技术部对本项工作的立项和经费给予大力支持,保证了工作的顺利完成,在此深表谢意。中国科学院地理科学与资源研究所陆锋教授、北京大学张显峰副教授对名词定义进行复审,给予详细的校对和修改;国内外专家季维、史文中、王法辉等先生给予热情帮助,提出宝贵意见和建议,在此谨向他们致以衷心谢意。连健、刘洪岐、陈蓓蓓等博士生积极参与了名词定义和讨论工作,在此对他们的辛勤工作致以衷心感谢。

地理信息系统名词定义是一项新的工作,遗漏、不足在所难免。恳请各界专家和学者继续给予支持,提出修改、补充意见,以便进一步完善。

第二届地理信息系统名词审定委员会

2012 年 2 月

第一版前言

自从 20 世纪 60 年代提出地理信息系统(GIS)概念以来,经过近 40 年的发展,在 GIS 理论研究、技术开发、实际应用等诸多方面都取得了长足进展,日趋成熟,应用范围越来越广,几乎渗透到了国民经济的各个领域,并正迅速发展成为新兴的高新技术产业。

由于地理信息系统学科新、发展快,并且与其他学科交叉、渗透,产生了大量新的名词术语。其中,很多术语使用频率很高,频繁见诸新闻媒体上,如"数字地球"、"信息空间"等。地理信息系统名词许多是从英语翻译过来的,而如何翻译无统一标准。迄今尚无一部专门的英汉地理信息系统词典问世,导致该领域用词比较混乱,既不统一,也不规范,给应用带来很大的不便。比如,同一英语词出现了多种不同的译法,而有些意义不相同的英语词却又译成同一中文名词,以至人们不得不直接使用英语词。与台湾地区的地理信息系统名词亦存在较大差异,给两岸在该领域的交流带来诸多不便。鉴于地理信息系统仍处在高速发展阶段,应用领域也越来越广,新名词仍在不断涌现,如不及早进行审定、规范,问题将会越来直严重,解决也越来越难,全国科学技术名词审定委员会于1998 年组织成立"地理信息系统名词审定委员会",着手地理信息系统名词的筛选和审定工作。几年来,在国内外专家的大力支持和热情参与下,本着以地理信息系统名词为主,适当吸收遥感、全球定位系统、计算机、测绘等领域与地理信息系统关系密切的名词的原则,广泛收集国内外有关资料,经过认真研究,提出了初稿。在此基础上,先后在北京、昆明、乌鲁木齐等地召开了 6 次审定讨论会,并利用在北京、成都召开的全国性学术会议和在美国、泰国等地召开的国际学术会议机会举行了座谈会,广泛听取各方面专家的意见,仔细地进行推敲、修改,完成了审定工作。本次审定的地理信息系统名词共 1808 条,现经全国科学技术名词审定委员会批准公布。

本次审定的是地理信息系统名词中的基本名词和新词,配以国际上习惯使用的英语词和缩略语等。汉语名词按"基本概念"、"技术与应用"、"国内外主要组织机构及其他"三类分别排列。

在几年的审定工作过程中,科学技术部对本项工作的立项和经费给予了大力支持,保证了本项工作的顺利进行,在此深表谢意。国内外有关专家(按姓氏笔画排序)丁跃民、王法辉、邓伟、朱阿兴、劳勇、李军、李斌、张小翼、陈军、周旭、赵俊三、闾国年、宫鹏、贾云鹏、高扬、唐涛、陶闯、詹慈祥、樊红等先生给予了热情的帮助,提出了宝贵的意见和建议,在此谨向他们致以衷心的感谢。

这是首次审定地理信息系统名词,难免有遗漏、不足。恳请各界专家继续提出修改、补充意见,以便进一步修订完善。

地理信息系统名词审定委员会

2002 年 7 月

编 排 说 明

一、本书公布的是地理信息系统名词。

二、全书共分基本概念和应用与技术两部分。

三、正文中的汉文名后给出了与该词概念相对应的英文名和定义或注释。当一个汉文名有两个不同的概念时,则用(1)、(2)分开。

四、一个汉文名对应几个英文同义词时,英文词之间用","分开。

五、凡英文词的首字母大、小写均可时,一律小写。

六、"[ ]"中的字为可省略的部分。

七、主要异名和释文中的条目用楷体表示,"又称"、"俗称"为非推荐名;"简称"为习惯上的缩简名词;"曾称"为被淘汰的旧名。

八、正文后所附的英汉索引按英文字母顺序排列;汉英索引按汉语拼音顺序排列。所示号码为该词在正文中的序码。索引中带"＊"者为规范名的异名或在释文中的条目。

目　　录

正文

附录

01. 基 本 概 念

01.001 [计算机]文件 file
对存储在硬盘、软盘、光碟等介质上的数据集合的总称。

01.002 [数据]块 tile
资料的逻辑矩形集合。用于分割地图资料成为可管理的单位。

01.003 [线]段 segment
一条线的元素,由两个端点定义而成。

01.004 B样条曲线 B-spline curve
拓展了贝济埃(Bezier)曲线得到的新曲线,是低阶次曲线,易于进行局部修改,更逼近特征多边形。

01.005 凹多边形 re-entrant polygon, concave polygon
多边形内部任意两个点的连线在其外部的多边形。

01.006 八叉树 octree
树的一个重要子集。由一个根和八棵互不相交的子树构成。八叉树的子树也是八叉树,具有递归性,是一种表示图像颜色的数据结构。

01.007 八进制码 octal code
使用8为基底的数字表示系统,八进位记数法不同于一般常见的十进位记数法,其仅使用0到7的数字。

01.008 兆字节 megabyte, MB
又称"百万字节"。2的20次方字节,大约一百万字节。

01.009 包 package

在网络或因特网上传输的小数据单元。

01.010 比例尺条 scale bar
显示地图上某一线段的长度与地面上相应线段水平距离之比的图解尺。

01.011 比特 bit
数据存储的最小单位。即二进制数字中的一位:0或1。

01.012 边框 border box
由一个或多个地理要素在坐标空间中最大和最小x、y坐标形成的矩形。

01.013 边线 edge
在三角网或地理格网中,由两结点连接成的一条线。

01.014 边缘 border
图像中两种不同色调或颜色区域的共同边界。

01.015 边缘弧 border arc
构成多边形外围边界的弧线。

01.016 编码规则 encoding rule
对数据进行编码时所依据的规范或原则。

01.017 编译语言 compiler language
必须编译成可执行代码才能运行的计算机语言。

01.018 标记 flag, tag
识别地物要素的标识或指针。

01.019 标准交换格式 standard interchange format, SIF
用于在计算机系统之间交换图形文件的标

准格式或中间标准格式。

01.020 表面 surface
以一个连续的数据集来表示的地理现象。通常以规则或不规则空间间距的取样点所建立的模型来表达。

01.021 表面模型 surface model
用规则或不规则空间间距的取样点,通过一定的数字抽象化或近似化方法来拟合物体和地物表面的模型。

01.022 波长 wavelength
波在一个振动周期内传播的距离,即沿波的传播方向,两个相邻的同相位点(如波峰或波谷)间的距离。

01.023 波段 band
具有相似基本特征的相近波长或者频率的波。

01.024 波段比 band ratio
一种用于数字影像处理的技术,表示两个不同波段的比值。

01.025 波特率 baud rate
调制解调器传输数据的速率,是一秒内所出现的事件数目或信号变化次数,而不是每秒传输的位数。

01.026 不闭合多边形 leaking polygon
一个多边形的边界没有闭合,是数据质量不符合规范的一种拓扑错误。

01.027 不规则三角网 triangulated irregular network,TIN
由不规则空间取样点和断线要素得到的一个对表面的近似表示,包括点和与其相邻的三角形之间的拓扑关系。

01.028 不确定性 uncertainty
从属于测量结果的一个参数,它表示测量值的离中趋势,从而通过以离中趋势来表明测量结果正确性的精密度。

01.029 采样间隔 sampling interval
相邻两次采样间的时间间隔或空间间隔。

01.030 采样密度 sampling density
单位范围内采样的次数,取决于采样频率。

01.031 选单 menu
俗称"菜单"。一种显示在显示屏上供操作员选择的各种机器可执行的操作项的清单。

01.032 参数 parameter
决定函数或操作结果的一种变量。

01.033 操作系统 operating system,OS
一种为控制数据处理系统的硬件而设计的软件,以便用户或应用程序更易操作。

01.034 草图 draft
草绘的图样。

01.035 层 layer
具有相同属性的某一专题实体或空间对象的空间数据集合。

01.036 层次的 hierarchical
以树形结点的形式来描述数据库中的数据之间的关系。

01.037 层次空间关系 hierarchical spatial relationship
对空间数据进行描述的层次关系,一般基于树状结构。

01.038 层次模型 hierarchical model
基于某一树状结构的一种数据模型。

01.039 层次数据结构 hierarchical data structure
一种在数据库文件中组织数据的逻辑方法。文件中每个记录的各部分都分成不同段,每段又以不同的层次建立它们之间的相互关系。

01.040 层次数据库 hierarchical database
基于层次数据模型,按树状结构组织起来的

数据库。

01.041　层次数据模型　hierarchical data model

描述层次数据库中数据结构的一种模型,记录以父/子结点相连接的有序树或森林。

01.042　层次文件结构　hierarchical file structure

一种常用的文件组织方法。在分级文件结构中能产生多个目录,其中只包含一个主目录或根目录,在主目录下可以分层建立多级子目录,在上一级目录下可以直接管理下一级目录的各个文件。

01.043　层次序列　hierarchical sequence

层次数据库系统中,每个片段按层次自上而下,自左而右的次序编号。

01.044　层文件　layer file

按照一定规则,对地图数据进行分组存储后所形成的文件。

01.045　差值图像　difference image

由两幅图像同名像元灰度值之差形成的一幅新的图像。

01.046　产品规范　product specification

论域的描述和将论域映射到数据集的规范。

01.047　超媒体　hypermedia

表示交互式、非顺序多媒体应用程序的一种术语。它是通过链接方式,将一些离散的单元或结点连接在一起传送和显示的一种方法。

01.048　超图　hypergraph

图的概念的一种推广。是一个有序的二元组 $H=<V,E>$,其顶点集 V 是一个非空有限集,而其边集 E 是 V 的非空子集。

01.049　超文本　hypertext

通过复杂的、非顺序的关联关系链接在一起的文本。

01.050　超文本置标语言　hypertext markup language,HTML

又称"超文本标记语言"。一种简单的超文本文件格式化语言,该语言被用来建立超文本文件。用于定义网络页面的显示格式和分配,并允许在页面中嵌入超文本的链接、图像、其他多媒体元素及 Java 小程序等,以指示浏览器如何响应用户的动作和处理激活的链接。

01.051　城市地理信息系统　urban geographic information system,UGIS

利用地理信息系统原理方法与技术,实现对城市空间和非空间数据的输入、存储、查询、检索、处理、分析、显示、更新和提供应用的信息系统。

01.052　抽象测试模块　abstract test module

相关的抽象测试用例的集合,可以层次式嵌套。

01.053　抽象测试套[件]　abstract test suite

抽象测试模块规定的实现一致性所要满足的全部要求。

01.054　抽象测试项　abstract test case

针对特定要求的一般性测试。抽象测试用例是导出可执行测试用例的形式化基础。在抽象测试用例中包含有一个或多个测试目的。一个抽象测试用例不取决于实现,也不取决于数值。它应当是完整的,足以将测试判定明确地分配到每个潜在的可观察的测试结果(即测试活动的后果)之中。

01.055　抽象程度　abstraction level

人类对现实世界认知过程中不同表达模型的概括层次。

01.056　抽象世界　abstract universe

现实世界的抽象,定义了从现实世界到地理要素集合世界的转换模型。

01.057　抽象数据类型　abstract data type,

ADT
一个数学模型以及定义在此数学模型上的一组操作。

01.058 抽样 sampling
从某一母体中抽取一部分观测值作为推断该母体性质依据的过程。

01.059 稠密数据 dense data
经过加密采样得到的数据集。

01.060 粗码 coarse acquisition code，C/A code
又称"原码"。卫星发播的一种用于粗略测距及快速捕获精码的伪随机噪声码。

01.061 存取安全性 access security
对用户访问、编辑文件或者数据进行控制，从而保证数据的一致性和完整性。

01.062 存取类型 access type
又称"访问类型"。使用者对磁盘的操作类型，如读取、写入、删除、更新等。

01.063 存取路径 access path
又称"访问路径"。操作系统访问某一存储文件的路径。

01.064 存取目录 access directory
在操作系统中，用户访问的数据、文件的逻辑目录。

01.065 存取权限 access right
又称"访问权"。授予使用者在磁盘执行读取、写入、删除、更新和执行数据操作的权力。

01.066 大地[测量]参照系 geodetic reference system
确定地球椭球的一组几何和物理参数。

01.067 大地坐标 geodetic coordinate
大地坐标系中的坐标分量，地面点的位置用大地经度、大地纬度、大地高表示。

01.068 大气窗[口] atmospheric window
地球大气对电磁波传输不产生强烈吸收和散射衰减作用，透过率较高的一些特定的电磁波段。

01.069 代码 code
程序员用开发工具所支持的语言写出来的源文件。

01.070 代数模型 algebraic model
使用代数观念所建立的地理信息系统概念模式，可作为实际系统设计的理论基础，也可用于描述网格式或矢量式的数据结构及系统功能。

01.071 带 zone
在地表大致沿纬线方向延伸分布，并且有一定宽度的地带性自然区划单位。

01.072 单精度 single precision
按照存储每一坐标的有效位数而制定的坐标准确程度。其数字最多使用 7 位有效位数来存储每一个坐标。

01.073 基元 primitive
又称"图元"。显示图像中能独立地赋予属性(如色彩与光强)的最小二维元素。

01.074 档案 archive，file
分类保存的文件和材料。

01.075 倒排索引文件 indexed non-sequential file
原始数据项中具有检索意义的有关属性标识，对这些属性标识按一定的组织规则进行排列，在每一个标识之后附有该标识所在原始数据集合中的地址，采用这种方法组织的索引文件。

01.076 等变形线 distortion isogram
地图投影中变形值相等各点的连接线，用于显示变形大小和分布状况。

01.077 等高线 contour

地图上地面高程相等的相邻点所连成的曲线在平面上的投影。

01.078 等深线 isobath
从最低潮水面起算,将水面下相同的深度加以连线,用来描绘海洋、湖泊等水底地形或储水池底部的起伏状态与形状。

01.079 等值区域图 choroplethic map
又称"分区量值地图"。用面状符号描绘统计面的等值区域的地图。

01.080 等值线 contour, isarithmic line
用数值相等各点连成的连续曲线。

01.081 等值线图 isarithmic map, contour chart
用一组相等数值点连线表示空间连续分布且逐渐变化现象的数量特征的一种图形。

01.082 笛卡儿积 Cartesian product
设 A 与 B 是两个集合,a 与 b 分别是 A 与 B 的任意元素,由所有序偶 $*(a,b)$ 组成的集合称为 A 与 B 的笛卡儿积。

01.083 笛卡儿坐标系 Cartesian coordinate
二维平面坐标系统,该坐标系统以 x 量测水平距离,以 y 量测垂直距离,在平面上的每个点均以 x、y 坐标来定义。相对距离、面积和方向的测量在笛卡儿坐标平面都是不变的。

01.084 地方坐标系 local coordinate system
又称"独立坐标系"。局部地区建立平面控制网时,根据需要投影到任意选定面上和(或)采用地方子午线为中央子午线的一种直角坐标系。

01.085 地固坐标系 earth-fixed coordinate system
以地球质心为原点,以指向固定平极为 z 轴,以指向经度原点为 x 轴的右手笛卡儿直角地球坐标系。

01.086 地籍 cadastre
土地的位置、面积、质量、权属、利用现状等诸要素隶属关系的总称。

01.087 地籍图 cadastral map
以土地权属、面积、利用状况等地籍要素为主题内容的地图,是地籍管理的基础资料。

01.088 地理[坐标]参照 georeference
建立平面地图的图面坐标与已知实际坐标的关系。

01.089 地理[坐标]参照系 georeference system
通常采用以经纬线网格为基础编以数字代码的方法构成。

01.090 地理标识符 geographic identifier
用来识别唯一一个(或一组)地理要素项的标记,并附加在要素所在地上。

01.091 地理参照数据 geographically referenced data
地理信息系统输入、存储、更新、操作、分析和输出的对象。一般包括空间数据和属性数据。

01.092 地理查询语言 geographic query language, GQL
对地理数据集进行定义和操作的语言。

01.093 地理带 geographic zone
自然地理现象在地球表面的带状分布。它不仅存在于陆地,也表现于海洋。

01.094 地理方位角 geographic azimuth
以真北为基准,按顺时针方向至目标方位线之间的夹角。

01.095 地理方向 geographic direction
在人眼的高度看上去,大地近似于一个平面,依照某些固定的方位,可以得出平面上四个方向的定义,即东南西北四个方向。

01.096　地理格网　geographic grid
将地球椭球体面用一定间隔划分经线与纬线所形成的网格。

01.097　地理经度　geographic longitude
本初子午面与观测点子午面间的两面角。从本初子午面分东西两个方向度量，各自0°至180°，分别称为东经(E)和西经(W)。

01.098　地理经圈　geographic vertical
经线所构成的封闭圆环。

01.099　地理景观　geographic landscape
一般指地球表面各种地理现象的综合体，泛指地表的自然景色、风景、人文景观。

01.100　地理空间信息　geospatial information, geo-information
又称"地球空间信息"。与地球上的位置直接或间接相关的现象的信息。

01.101　地理视距　geographic viewing distance
在通视条件下，目标被观测到的最大距离。

01.102　地理数据　geographic data
由描述地理实体空间分布及相互关系的地理空间数据和描述地理实体属性的属性数据组成。

01.103　地理数据集　geographic data set
隐含或明确关联于地球某个地点的可标识的相关数据的集合。

01.104　地理数据库　geographic database
自然地理或人文地理各要素文件的集合和管理系统。

01.105　地理数据库类别　geographic database category
地理数据库的种类。

01.106　地理数据文件　geographic data file
描述地球上的陆地、大气、海洋等要素地理信息的文档。

01.107　地理索引文件　geographically indexed file
用于查找地理对象的索引文件。如果用户确定了用于查找的关键字段，该索引就会被保存在地理索引文件中。

01.108　地理纬度　geographic latitude
地面上一点的法线与地球赤道面间的夹角。从赤道向两极量度，由0°至90°，赤道以北的称北纬(N)，以南的称南纬(S)。

01.109　地理纬圈　geographic parallel
纬线所构成的封闭圆环。

01.110　地理位置　geographic position
用经纬度坐标或空间关系等表示的地面上任意点的空间方位。

01.111　地理相关模型　geo-relational model
将地理要素作为互相联系的空间数据和描述性的属性数据的集合，采用文件形式管理空间数据，关系数据库管理系统管理属性数据，二者通过要素标识联系起来的 GIS 模型。

01.112　地理信息　geographic information
与地球表面空间位置直接或间接相关的事物或现象的信息。

01.113　地理信息服务　geographic information service
在多种通信网络环境下，按照一定的规范标准，以多种方式将通过测绘、遥感、地理信息系统技术、卫星定位技术和传感器技术等所获取的地理空间信息提供给用户，为用户查询、感知、掌握、利用地理环境提供信息支持的技术方式。是地球空间技术的重要组成部分，也是空间信息技术发展的必然趋势。

01.114　地理信息科学　geographic information science

研究作为人类生存活动空间的地球表层中各种事物和现象的空间分布及其发展变化规律的学科。

01.115 地理信息系统 geographic information system，GIS
在计算机软件、硬件及网络支持下，对地理空间数据按照空间分布及属性，以一定的格式进行采集、输入、存储、查询检索、处理、分析、输出、更新、维护管理和应用，以及在不同用户、不同系统、不同地点之间传输地理数据的计算机信息系统。

01.116 地理要素 geographic feature
与地球位置相关的现实世界的现象表达。

01.117 地理置标语言 geographic markup language，GML
又称"地理标记语言"。基于可扩展置标语言传输和存储地理信息(包括地理特征的几何和属性)的编码规范。

01.118 地理坐标 geographic coordinate
将地球视为球体，按经、纬线划分的坐标格网。借由经度与纬度来表示地球表面某一点位的位置。单位为度、分、秒。适用于地球表面之弯曲情形。

01.119 地理坐标网 graticule
由经线和纬线构成两组互相正交的曲线坐标网。

01.120 地名录 gazetteer
将一定区域内地理实体的名称、地理坐标和有关内容编辑成的手册。

01.121 地球空间信息学 geoinformatics，geomatics
研究地球空间信息的获取、存储、管理、传输、分析、显示和应用的一门综合和集成的信息科学与技术。

01.122 地球同步轨道 earth synchronous orbit，geostationary orbit
卫星的轨道周期等于地球在惯性空间中的自转周期(23 小时 56 分 4 秒)，且方向亦与之一致，卫星在每天同一时间的星下点轨迹相同。当轨道与赤道平面重合时称"地球静止轨道"，即卫星与地面的位置相对保持不变。

01.123 地球椭球体 earth ellipsoid
用于近似表示地球的形状和大小的数学体，其表面为等位面的旋转椭球。

01.124 地球重力模型 earth gravity model
用一定数字形式表示地球重力场参数的数据集。

01.125 地区一览图 chorographic map
反映某地区专题内容的地图。

01.126 地势图 hypsometric map，relief map
着重表示地势起伏和水系形态特征与分布规律的地图。

01.127 地图 map
按照一定的数学法则运用符号系统以图形或数字的形式表示具有空间分布的自然与社会现象的载体。

01.128 地图比例尺 map scale
地图上某一线段的长度与地面上相应线段水平距离之比。

01.129 地图代数 map algebra
采用栅格点集代数对自然图形或符号进行变换和运算，有严格的度量空间尺度。

01.130 地图服务 map service
通过网络，给用户提供地图信息的一种数据服务方式。

01.131 地图格网 map grid
地图上地理坐标网和直角坐标网的总称。用于辅助量算方位与距离、记录与检索信息等。

01.132　地图规范　map specification
针对测制地图的技术设计、要求及各种精度、规格指标等,由权威组织统一规定的技术标准。

01.133　地图容量　map capacity
地图上所含内容与信息的数量。通常以地图单位面积内的线划、符号和注记面积的总和及其占地图总面积的比率来表达。

01.134　地图数据　cartographic data
为进行数字化地图制图而通过各种渠道与方法采集的数字形式的制图资料。

01.135　地图数据格式标准　cartographic data format standard
为了使不同的系统共享地图数据而制定的统一的地图数据安排形式。

01.136　地图数据库管理系统　cartographic database management system
建立、维护和使用地图数据库的一组软件。

01.137　地图数据模型　cartographic data model
满足不同地图制图原理的不同形式的数据模型。

01.138　地图数据文件　map data file
在数字介质中存放的可用于数字化地图制图的原始文件。

01.139　地图投影　map projection
运用一定的数学法则,将地球椭球面经纬线网相应地投影到平面上的方法。即将椭球面上各点的地球坐标变换为平面相应点的直角坐标的方法。

01.140　地图投影分类　map projection classification
按照一定的分类准则对地图投影进行分类的过程。

01.141　地图图层　map coverage
将空间信息按其几何特征及属性划分成的专题数据。可分为"矢量图层(vector layer)"和"栅格图层(raster layer)"。

01.142　地图系列　map series
按照统一设计原则编制的反映区域或部门基本概况或变化的一组地图。

01.143　地图信息　cartographic information
地图上表示的可以被读者认识、理解并获得新知识的客体、现象及其时空关系的内容与数据。

01.144　地图信息系统　cartographic information system
以研究地图信息的获取、传递、转换、储存和分析利用等为主要目的的信息系统。

01.145　地图学　cartography
研究地图及其制作与应用的理论、方法与技术的学科。

01.146　地图语义　cartographic semantics
地图语言三要素之一。地图符号所代表的信息含义反映地图符号与制图对象之间的对应关系。

01.147　地图坐标原点　map origin
在一个国家或一个地区范围内统一规定地图投影的经纬线作为坐标轴,用于确定国家或地区所有测量成果在地图上的位置,相互垂直相交的经纬线的交点。

01.148　地物波谱特性　object spectral characteristic
地物吸收、反射和透射外来紫外线、可见光、红外线和微波等某些波段的特性。

01.149　地形　terrain, landform
地貌和地物的总称。

01.150　地形测量学　topography
研究如何将地球表面局部地区的地物、地貌测绘成图的理论、技术和方法的学科。

01.151 地形模型 terrain model
显示地面构造,按比例建模用来描述实际自然和人工地物的地形三维图形表达。

01.152 地形剖面 profile
以垂直于地表的截面切割地面以反映地面起伏曲线或内部构成的图形。

01.153 地形数据库 topographical database
储存与地球表面的自然特征和界线相关数据的数据库。

01.154 地形特性 terrain feature
地表结构的组成部分。包括地形起伏、水系位置、道路、城市等,一个组成部分成为一个地形特性,如一条山脉或峡谷。

01.155 地形图 topographic map
根据国家制定的规范图示测制或编绘,表示地表上的地物、地貌平面位置及基本的地理要素且高程用等高线表示的一种普通地图。

01.156 地形信息 terrain information
关于地面形态与起伏特征的知识。

01.157 地形因子 terrain factor
一系列用于描述地形的参数。主要包括坡向、坡度及海拔高度等。

01.158 地学信息系统 geo-information system
将计算机硬件、软件、地理数据以及系统管理人员组织而成的对任一形式的地学信息进行高效获取、存储、更新、操作、分析及显示的集成信息系统。

01.159 地址 address
标识一寄存器、存储器特定部分或其他一些数据来源或目的地的一个或一组字符,用来指定一设备或一个数据项。

01.160 地址总线 address bus
从微处理器至随机存储器的一种内部电路通道,用于传送存储器存储单元的地址。

01.161 点 point
用一对 x, y 坐标表示的 0 维目标。表征不同的事物时,具有不同的含义。

01.162 点每英寸 dot per inch, dpi
表示空间分辨率的计量单位,每英寸可分辨的点数。

01.163 电子测量方位 electronic bearing
利用电子信号测向时,信号与目标之间的方位角。

01.164 电子地图 electronic map
以数字地图为数据基础、以计算机系统为处理平台在屏幕上实时显示的地图。是屏幕地图及支持其显示的地图软件的总称。

01.165 电子海图 electronic chart
显示海图信息的电子系统的统称。也指以计算机屏幕显示的数字海图。

01.166 电子海图数据库 electronic chart database, ECDB
利用计算机存储电子海图信息及数据管理软件的集合。

01.167 电子海图显示信息系统 electronic chart and display information system, ECDIS
由计算机控制,能分类显示海图要素、雷达图像、船位及船舶航行状态等信息的导航系统。

01.168 调绘像片 annotated photograph
用符号描绘地物要素并具有数字和文字注记的航空像片。是航空摄影测量的阶段成果,由航测外业工作取得。

01.169 定长记录格式 fixed-length record format
记录中数据块个数。字数或字符数都是固定的记录方式。

01.170 定界符 delimiter

用于指明某一字符串的开始或结束的一个或多个字符。

01.171 动画 animation
利用人的视觉残留特性使连续播放的静态画面相互衔接而形成的动态效果。

01.172 动态链接库 dynamic link library, DLL
可以被其他应用程序共享的程序模块。其中封装了一些可以被共享的例程和资源。

01.173 端点 dead end
线段的起点或终点。

01.174 对地观测系统 earth observation system，EOS
由陆地卫星、海洋卫星、气象卫星等系列遥感卫星及地面各类地球观测数据收集平台等所组成的系统，其数据分析与处理的地理信息系统是全方位的、多学科的地球观测的科学技术体系。

01.175 对象 object
具有一种或多种属性的一种物理实体或概念实体。

01.176 多边形 polygon
由几条边组成的二维闭合图形，由线构成边界和(或)界线内的一个点作为识别，具有其所代表的地理特征的属性。

01.177 多对多 many-to-many
一个集合中的两个或两个以上的元素与另一个集合中的两个或两个以上的元素相互对应。

01.178 多对一 many-to-one
一个集合中的两个或两个以上的元素与另一个集合中的一个元素相互对应。

01.179 多媒体 multimedia
各种不同的使用者界面和传输要件的组合，包括静止及移动图图片、声音、图形及文字

等的组合。

01.180 多用户 multi-user
若干人可通过通信设备或网络终端同时访问机器或操作系统的技术。

01.181 多用户操作系统 multi-user operating system
能够被多个用户通过通信设备或网络终端同时访问、使用的计算机系统。

01.182 多元数据 multivariate data
不同格式和形式的数据集。

01.183 多源数据 multi-source data
不同来源的数据集。

01.184 二叉树 B-tree
树的一个重要子集。由一个根和两棵互不相交的左、右子树构成。二叉树的子树也是二叉树，具有递归性。

01.185 二进制 binary
以 2 为基数的计数制。其中只有两个可能的不同值或状态的选择、机会或状况。使用数码 0 和 1 表示。

01.186 发展适宜性指数 development suitability index
一种表明城市可持续发展和驱动力空间分布的数量指标。

01.187 反视立体 pseudoscopic
像片中正常立体效果的颠倒。会造成山谷变成山脊，而山脊变成山谷的情形。

01.188 方差 variance
标准差的平方，用于描述随机变量离散程度。

01.189 方位 aspect
从某一参考方向测量的地平线的角距离，通常指从地平线北端到通过天体和地平线相交的垂直的圆周上的某一点，一般顺时针测

量。有时南部的点作为参考方向,以360°为标准做顺时针测量。

01.190 方位角 azimuth

地平坐标系的经向坐标,过天球上一点的地平经圈与子午圈所交的球面角。

01.191 访问级[别] access level

实体访问某一受保护资源所要求的权限级别。

01.192 非空间数据 non-spatial data

属于一定地物、描述其特征的定性或定量指标。用来描述地理信息的非空间特征。

01.193 非图形数据 non-graphic data

用来表现地图要素的性质、关系、特征的数据。用于强调地图中不属于图形和影像的部分。

01.194 非语义信息 non-semantic information

描述不包含事物运动状态和方式的具体含义的信息。

01.195 分维 fractal

度量自相似性的特征量。

01.196 分布式关系数据库结构 distributed relational database architecture, DRDA

位于不同服务器上的多个关系数据库一起组成的数据库的结构。

01.197 分布式结构 distributed architecture

并行系统的一种实现方式,所有结点的可用管理模块都承担相同的功能,处于同等的地位,所有结点的管理模块实现同步,以了解并行系统中各个结点的资源应用以及结点状态,当需要做应用切换等动作时,需要采用一定的协议来协调切换结果。

01.198 分布式内存 distributed memory

多处理机或多计算机储存系统的内存组成方案。

01.199 分布式数据库 distributed database, DDB

数据分存在计算机网络中的各台计算机上的数据库。

01.200 分布式数据库管理系统 distributed database management system, DDBMS

管理和实现分布式数据库操作的大型数据库管理系统。

01.201 分布式网络系统 distributed network system, DNS

由输入输出设备用通信线路连接起来的安装在不同场所的可以并行协同工作的计算机所组成的网络。

01.202 分布式系统 distributed system

多个系统的集合,其中亚系统平行地相互作用。

01.203 分级间距 class interval

又称"分类间距"。用于控制柱形簇或条形簇之间间距的值。值越大,数据标记簇之间的间距就越大。

01.204 分类规则 classification rule

分类所依据的原则,即图形识别中所执行的一种判定操作,且与判定技术和方法紧密联系。

01.205 分类图 classification map

遥感影像经过分类处理后得到的图件,借助符号、线条、色彩等要素来显示不同类别的分布、边界、数量及各类间的相互关系等。

01.206 分类影像 classified image

经过分类得到的图像。这种图像与原图像有差异,它显示不同类别的分布状况、边界、数量以及各类间的相互关系等。

01.207 分类正确率 percentage correctly classified

遥感影像中地物属性被正确识别的程度。

01.208 分区密度地图 dasymetric map
用限定变量、相关变量、位置数据密度表示制图对象的本质或派生数据值的单位面积效率和变化的地图。

01.209 分数地图比例尺 fractional map scale
用分数表示的地图上的距离与实地对应距离之间的比值。一般分子值设定为 1,分母为一整数。

01.210 地图句法 cartographic syntax
地图语言三要素之一。地图符号系统的特性与构成的规则,反映地图符号的空间分布和相互关系。

01.211 符号 symbol
地图上用来代表一个地理要素的图形样式。符号可以由许多特征定义,包括颜色、大小、形状、角度和样式。

01.212 父结点 parent node
一种结点,至少有一个直接下属于它的子结点。

01.213 复合指标 composite indicator
综合考虑多种影响因素的指标。

01.214 复杂表面 complex surface
一种不能由确定性函数描述的表面。空间分析中,一个复合表面可用一个推测的函数来表达。

01.215 复杂对象 complex object
由若干简单对象组合而成的对象。

01.216 复杂多边形 complex polygon
具有一个或多个岛状多边形的多边形。

01.217 概念模式 conceptual schema
概念模型的形式化描述。包括对象数据的内容、结构及约束的抽象描述与定义。

01.218 概念模式语言 conceptual schema language
以概念形式为基础,达到表达概念模式目的的规范语言。

01.219 概念模型 conceptual model
关于地理现象与过程的逻辑关系清楚的概念阐述模型。

01.220 高程 elevation, altitude
地面点到高度起算面的垂直距离。

01.221 高度矩阵 altitude matrix
一个高程数据构成的矩阵。

01.222 高光谱 hyperspectrum
又称"超光谱"。波段宽度小于 10nm 的光谱信息。如,高光谱遥感是利用很多很窄的电磁波段,从感兴趣目标获取有关数据信息的技术。

01.223 高级语言 high-level language
使用类似人类语言的指令编写程序的计算机语言。

01.224 高斯分布 Gaussian distribution
又称"正态分布"。一种概率分布,表示一连续数据形态的分布概率对称于平均值,其图形显示如钟形曲线。

01.225 高斯曲率 Gaussian curvature
利用曲面在某点处的两个主曲率的乘积(总曲率)来反映曲面在该点弯曲程度的内蕴几何量。

01.226 高斯噪声 Gaussian noise
瞬时幅度呈高斯分布的一种随机噪声。

01.227 格式 format
一种语言构造,用字符形式来规定文件中数据对象的表示。

01.228 格网 grid
由一种规则或近似规则棋盘状镶嵌表面组

成的格网或点的集合。

01.229　格网标记　grid tick
基于像元或地图坐标和(或)经纬度对格网进行标记,以进行地理定位。

01.230　格网单元　cell
格网中相对独立的不可再分的最小格网单位。

01.231　格网单元尺寸　cell size
格网单元的大小。

01.232　格网格式　grid format
以像元阵列表示的格式,每个像元由行列号确定其位置,且具有实体属性的类型或值的编码值。

01.233　格网数据　grid data
计算机中以栅格结构存储的空间数据。

01.234　格网坐标　grid coordinate
用格网来确定和表示空间目标位置的坐标。

01.235　根结点　root node
一种没有父结点的结点。

01.236　工程坐标系　engineering coordinate system
在测区内任意选定坐标原点和坐标轴而建立的平面直角坐标系统。

01.237　公共设施网络地图　utility network map
为展示各种公共设施(电力、电信、燃气输配、供水、排水网络设施等)的空间分布,按一定的比例尺缩小,经过符号化和概括化后绘制的地图。

01.238　公共设施信息系统　utility information system
一种专题信息系统,运用计算机硬件、软件及网络技术,实现对城市各种公共设施数据的输入、存储、查询、检索、处理、分析、更新和提供应用的技术系统。是一种城市现代化管理、规划和科学决策的先进工具。

01.239　功能　function
执行一个单一操作,并能够返回一个值或更多的值的过程。

01.240　共同边界　conjoint boundary
两相邻地理区域(多边形、地图图幅)的共同界限。

01.241　关键标识符　key identifier
用于要素集与属性数据关联的唯一标识。

01.242　关键字　key word
一个记录由若干属性组成,用于唯一标识记录的属性。

01.243　关键字段　key field
在关系数据库中,其值能唯一地标识表中每条记录的字段(列),可以是一个字段,也可以是多个字段的组合。

01.244　关系数据库　relational database
采用关系数据模型来组织、管理数据的数据库。

01.245　管理数据库　management database
存储与管理业务数据的数据库模式。如文件管理数据库、仓库管理数据库、图书管理数据库等。

01.246　管理信息系统　management information system, MIS
接收事务处理系统收集的信息,并为管理人员生成计划和控制所需报表的信息系统。具有自动化报表生成和基本的分析能力。

01.247　光谱信号　spectral signature
携带光谱信息的电磁波信号。

01.248　广播星历[表]　broadcast ephemeris, BE
卫星发播的预报一定时间内卫星轨道信息

的电文信息。

01.249 海图 chart
以海洋为主要描绘对象的地图。按表示内容分为航海图、普通海图和专题海图。

01.250 函数 function
一种数学实体,其值,即该因变量的值,以某一规定的方式随一个或多个自变量的各值而定,对应于各自变量相应范围的值的每一允许的组合,该因变量的值都不多于一个。

01.251 函数库 function library
一组以函数形式提供的子例程,以文件形式向用户提供。

01.252 函数语言 function language
以对象为主,函数作用于对象上,由对象集、原始函数集、高阶函数集和定义集组成。有基本的数字技巧,比较容易地证明程序的正确性,适于语义说明,更多地面向用户,能够并行和递归操作。

01.253 航空像片 airphoto
又称"航摄像片"。通过航空摄影获取的像片。

01.254 航向倾角 longitudinal tilt, y-tilt
像片倾角在航线方向上的分量。

01.255 宏语言 macro language
用于书写宏指令和宏定义的表示方法和规则。

01.256 弧段 arc
一个有序的 x, y 坐标(顶点)序列。有一个起始点和终点,顶点连接构成。

01.257 互补色 complementary color
任两种以合适比例混合后产生白色(对光线来说)或灰色(对颜料来说)的颜色之一。

01.258 互补色地图 anaglyph map
将两组透视图像或正射影像像片的像对,分别用两种互为补色的颜色按视差错位套印在一张图纸上,通过互补色眼睛可观察出其地面立体起伏的地图。

01.259 互操作[性] interoperability
实现异构系统之间数据、模型、语义、软件等在线共享和共用的能力,使来源于不同厂商的不同应用软件能顺利地进行通信、执行程序或传递数据等操作。

01.260 环境 environment
人群周围的境况及其中可以直接、间接影响人类生活和发展的各种自然因素和社会因素的总体。

01.261 环境地图 environmental map
反映自然环境、人类活动对自然环境的影响和环境对人类的危害及环境治理等内容的地图。

01.262 环境科学数据库 environmental science database
包含环境科学数据和其他社会经济要素数据的多层次、多学科、综合性的数据库。

01.263 环境容量 environmental capacity
在人体健康、人类生存和生态系统不致受损害的前提下,一定地域环境中能容纳环境有害物质的最大负荷量。

01.264 环境数据 environmental data
岩石圈、大气圈、水圈、土壤圈、生物圈、人类圈及其相关的社会经济等方面的数据。

01.265 环境数据库 environmental database
对各类环境及其相关的地理和社会经济数据进行统一存储、维护和管理的数据库。

01.266 环境信息 environmental information
反映环境状况及其动态变化的信息。

01.267 环境遥感 environmental remote sensing
利用遥感技术对人类生活和生产环境,以及

环境各要素的现状、动态变化及其发展趋势进行监测和研究的技术方法。

01.268 环境制图数据 environmental mapping data
根据环境调查和监测分析结果,按照制图规范和要求制作的数据。

01.269 机器语言 machine language
能直接由计算机执行的指令和数据集。

01.270 基本空间单元 basic spatial unit, BSU
在任何给定的主题上具有同构特征的基本单元,是地理信息系统空间分析和信息收集、处理、应用中确定的最小空间单位。

01.271 基础地图 base map
又称"底图"。具备地图数学基础和简略的基本地理要素(水系、居民地、交通线、政区界、地形),用作专题地图的骨架和控制的统一地理基础的地图。

01.272 基础要素数据 foundation feature data
1:10 万地形线划图至 1:25 万联合作战图中的覆盖范围、地物要素和属性数据。

01.273 基准 datum
用来作为计算其他地理要素位置的参照或基础。

01.274 基准面 datum
(1)包括五个参数的参考面:起始点的经、纬度,相对于起始点的方位角,参考椭球的参数。(2)用于计算任意类型地图上的图上坐标的数学模型。不同的国家采用不同的基准面来计算本国地图的坐标。通常,基准面信息在每幅地图的图边资料中有所说明。

01.275 集成地理信息系统 integrated geographical information system
地理信息系统通过内部功能优化、功能重用

或者与其他系统实现数据共享和功能互补所得到的新的信息系统。

01.276 集成空间信息系统 integrated spatial system
遥感、地理信息系统与全球定位系统等的集成以及通过对空间信息的融合而形成的信息系统。

01.277 集成数据层 integrated data layer
集矢量数据层、栅格数据层为一体的混合型数据层。

01.278 集成数据库管理系统 integrated database management system
对多个数据库组成的集成数据库进行维护与管理的系统。

01.279 集成信息系统 integrated information system
为实现某个应用目标,基于计算机硬件平台、网络设备、系统软件及应用软件,将各信息系统组合成的计算机应用系统。

01.280 集[合]函数 set function
对数据库表中的记录进行数据统计的函数。

01.281 几何基元 geometric primitive
构成几何图形的基本元素。包括点、线、多边形。

01.282 计曲线 index contour
从高程基准面起算,每隔 4 条(或 3 条)首曲线加粗的一条等高线。

01.283 计算机图形学 computer graphics
借助计算机来构造、操纵、存储并显示图像的方法和技术的学科。

01.284 计算机图形元文件 computer graphics metafile, CGM
用于图形描述信息存储和传输的一种标准的文件格式规范。

01.285 加色法三原色 additive primary colors

在光学增强处理中,光源能被按一定比例混合相加而调配出其他各种光线色彩的三种基本色光,即红、绿、蓝,是加色法的三原色。

01.286 假彩色 false color

又称"伪彩色(pseudocolor)"。不是物体固有的而是人为的颜色。

01.287 间曲线 intermediate contour line

从高程基准面起算,按固定等高距描绘的等高线。

01.288 减色法三原色 subtractive primary colors

在彩色印刷处理过程中,能被按一定比例混合调配出其他颜色的三种基本颜色:黄、品红、青。由于是采用减色法原理,其颜色会越加越黑,是加色法三原色的补色。

01.289 剪切窗口 clipping window

用于执行裁剪的多边形。裁剪窗口实现二维场景中要显示的部分,此部分之外的场景均要裁去。只有在裁剪窗口内部的场景才保留。为了得到特殊的效果,可通过选择裁剪窗口的不同形状、大小和方向来实现。

01.290 交叉部分 cross section

重复或者重叠的部分。

01.291 交换格式 interchange format

不同的信息系统之间实施空间数据双向交换时采用的数据格式。

01.292 交通信息系统 transportation information system, TIS

应用于交通运输领域的一种信息系统,提供交通运输中的信息采集、存储、管理、分析和模拟功能。

01.293 街道中心线 street centerline

在以多边形表示道路的大比例尺地图中,沿道路的中心点连成的线性地理要素。

01.294 街区 block

城镇中沿着连续的街道两边的呈长方形的地段。

01.295 结点 node

弧线首尾端点或交叉点。

01.296 结构化查询语言 structured query language, SQL

一种对关系数据库中的数据进行定义和操作的句法,为大多数关系数据库管理系统所支持的工业标准。

01.297 介质 media

用于传输数据的中间物质或媒介。

01.298 精[密]度 precision

在一定测量条件下,对某一量的多次测量中各测量值间的离散程度。

01.299 精度衰减因子 dilution of precision, DOP

又称"精度因子"。反映了导航卫星空间分布形态对地面目标定位精度的影响。

01.300 境界 boundary

又称"边界"。具有特殊性质区域范围的一条线或线集合。

01.301 聚合 agglomeration, aggregation

又称"聚集"。一组具有相似特性的数据对象组成更高层次的数据对象的过程。如将邻近的区域单元组合成较大的区域单元。

01.302 聚合域 aggregation domain

较初级的域对象组合成新的域。如,来自于两个数字域(或一个重复一个)的元素能够被合并成为有序的对子(二维),形成另一个域。

01.303 聚类 cluster

在没有已知类别的训练样本条件下,把相似

的对象分为一类的过程。

01.304　聚类图　cluster map
根据聚类对象间的相似程度绘制成的聚类结果谱系图。

01.305　聚类指数　cluster index
聚类的判据。

01.306　决策规则　decision rule
又称"判定规则"。在分类系统中,指分类依据的准则、规则或函数。

01.307　决策模型　decision model
用于解决管理决策问题的模型,即为决策管理中解决各种结构和非结构问题而开发的形式模型或数学模型。如运筹模型、多标准模型、证据组合模型等。

01.308　决策支持系统　decision support system, DSS
对管理信息系统的提高和扩展,目的是通过应用过程知识来辅助决策的制定。能提供灵活的、非严格结构的和人机交互的解决方法和界面,支持结构化的、半结构化的和非结构化(病态)问题的解决方法。

01.309　绝对高程　absolute altitude
又称"绝对高度"。由高程基准面起算的地面点高度。

01.310　绝对坐标　absolute coordinate
以某一特定坐标系原点为基准,确定的某一地点所在位置的坐标。

01.311　开放式地理信息系统　open geographic information system, Open GIS
在网络环境下,根据可互操作的标准和接口所建立的地理信息系统。

01.312　开放系统环境　open system environment, OSE
由一组开放式系统的接口、服务与格式所定义的计算机环境。

01.313　可持续发展　sustainable development
一种注重长远发展的经济增长模式,指既满足当代人的要求,又不对后代人满足其需求的能力构成危害的发展方式,是社会发展的高级阶段。

01.314　可访问性　accessibility
又称"可存取性"。信息或数据的可读取和可浏览性。通常指网络信息的可访问性,一般用存储时间来衡量。

01.315　可扩展置标语言　extensible markup language, XML
又称"可扩展标记语言"。用于网络信息交换的可扩展和自我解释的文本标记语言,结合了超文本置标语言和标准通用置标语言的特点,允许开发者和设计者创建自定义的标签,在组织和表现信息时具有更大的灵活性。

01.316　可执行测试套　executable test suite
用来对其他系统进行测试的一整套方法。

01.317　可执行文件　executable file
在操作系统中,可加载到内存中,并由操作系统加载程序执行的代码。它可以是 . exe 文件、. sys 文件、. com 文件、. bat 文件等。

01.318　客户　client
需从其他计算机系统或程序取得服务的电脑系统或程序。

01.319　空间　space
地球大气层下面的地球世界。

01.320　空间参照系　spatial reference system
在地球表面上标识位置的方法。

01.321　空间尺度　spatial scale
研究空间问题的基本单元的大小。

01.322　空间单元　spatial unit
根据某种特性划分的空间区域。

01.323　空间分辨率　spatial resolution
遥感器具有的分辨空间细节能力的技术指标。

01.324　空间结构化查询语言　spatial struc-
　　　　tured query language，SSQL
满足空间目标查询要求的数据库查询语言。

01.325　空间目标　spatial object
地理现象的空间位置及其特征的描述。

01.326　空间数据　spatial data
用于描述有关空间实体的位置、形状和相互关系的数据,以坐标和拓扑关系的形式存储。

01.327　空间数据基础设施　spatial data in-
　　　　frastructure，SDI
对地理空间数据进行有效地采集、管理、访问、分发利用所必须的政策、技术、标准、基础数据集和人力资源等的总称。

01.328　空间数据结构　spatial data structure
空间数据的组织和编排形式。

01.329　空间数据转换标准　spatial data
　　　　transfer standard，SDTS
专门为不同地理信息系统之间实现空间数据交换而设计的一种中间(独立于硬软件设备)数据格式。

01.330　空间维　spatial dimension
空间坐标方向度量。

01.331　空间相关　spatial correlation
不同地理现象或地理实体之间在空间上表现出的特殊的统计联系。

01.332　空间域　spatial domain
地理空间实体的几何空间属性。

01.333　空间属性　spatial attribute
通过坐标、数学函数或者拓扑关系描述的空间位置、形状和大小等几何特征的属性。

01.334　控制[字]符　control character
在某一特定上下文中,控制计算机操作功能的字符。如换行或传送控制等。

01.335　控制点　control point
以一定精度测定其位置为其他测绘工作提供依据的固定点。

01.336　块码　block code
在数据传输中,由 n 个信息比特和 k 个奇偶检验比特组成,包含 $(n+k)$ 个比特的传输块代码。

01.337　扩散函数　spread function
对光学系统来讲,输入物为一点光源时其输出像的光场分布。

01.338　扩展颜色　extended color
在标准色板之外自定义的色板文件。

01.339　类别　class
具有相同属性特征的一组对象集合的统称。

01.340　离散数据　discrete data
由离散点、线或者多边形表达的地表现象或者实体。

01.341　历史记录　historic record
对用户在程序操作中的记录,可进行历史追踪查询和历史现状对比统计和综合分析。

01.342　立体　stereo
利用人类两眼成像的像差,使看到的影像呈现出三维视觉的效果。

01.343　连接结点　connected node
网络或其他要素相互连接的点。

01.344　连通性　connectivity
衡量网络复杂性的量度,常用 γ 指数和 α 指数计算。其中,γ 指数等于给定空间网络体结点连线数与可能存在的所有连线数之比;α 指数用于衡量环路,结点被交替路径连接的程度,等于当前存在的环路数与可能存在的最大环路数之比。

01.345 连续数据 continuous data
主要表示连续分布的事物或现象特征,一般用浮点型的数据来表示。如高程、气温、降雨量、坡度等。

01.346 链 chain
地理信息系统中表示两个结点之间的、不相交的有向线段或弧段。

01.347 链代码 chain code
地理信息系统中,用 4、8 或 16 位字长的矢量表示链的有向性代码。

01.348 链结点图 chain node graph
以链中各结点为主体所组成的图。

01.349 亮度 intensity
色彩本身因为光度不同而产生的明暗差别。

01.350 邻接 adjacency
存在于同类拓扑元素之间的相邻特性。

01.351 邻接区域 adjacent areas
地理信息系统中共享同一条边的两个或多个多边形。

01.352 邻接图幅 adjoining sheets
按照分幅规则确定的当前图幅的周围图幅。

01.353 邻接效应 adjacency effect
两个相邻区域的数据互相之间的影响。

01.354 临界点 critical point
在正射投影下,一条线上的点能够保持不动。包括曲线的最小和最大曲率、端点和交叉点等,是有效进行线条简化算法的前提。

01.355 临界角 critical angle
产生全反射现象所需的最小入射角。

01.356 路径 route
一系列首尾连接的弧段组成的复杂对象。如公交线路等。

01.357 略图 outline map
仅绘出地物的轮廓,省略不必要的细节的地图。

01.358 论域 universe of discourse
包含所关心的所有事物的现实或假想世界的视图。

01.359 逻辑 logic
通常指人们思考问题,从某些已知条件出发,推出合理的结论的规律。

01.360 逻辑存储结构 logical storage structure
以关系表、通用建模语言(UML)等形式表达的逻辑形式的存储结构。

01.361 逻辑单元 logical unit
一种寻址单元,它使终端用户可以互相通信,并可以对网络资源进行访问。

01.362 逻辑指令 logical order
从逻辑上来指挥机器工作的指示和命令。

01.363 密度 density
地理对象在某一地理区域的疏密程度。

01.364 密度梯度 density gradient
又称"灰度分布"。图像按灰度级的顺序排列呈现出来的灰度级密度状态,一般用灰度级密度函数描述。

01.365 面 area
具有一定边界的闭合二维图形对象,是地表或空间中的某一范围,其大小以面积度量。

01.366 面积 area
用于描述面状几何对象大小的属性。

01.367 面向对象程序设计语言 object-oriented programming language, OOPL
一种可以提供特定的语法来保证和支持面向对象程序设计的语言。在形式上要能够表现,语义上要能够处理继承性、多态性和动态链接机制,使得类和类库成为可重用的程序模块。

01.368　面向对象关系数据库　object-oriented relational database
由关系模型和面向对象模型混合组成的数据库。

01.369　面向对象数据库管理系统　object-oriented database management system,OODBMS
使用面向对象方法定义的数据库管理系统,面向对象的关系数据库兼有关系数据库和面向对象的数据库两方面的特征。

01.370　描述符　descriptor
用于表达地物在地图上显示和标识的制图信息。

01.371　描述符文件　descriptor file
用于记录信息标识内容的文件。

01.372　描述数据　descriptive data
描述地理要素特征的二维表格数据。可以包括数字、文字、图像以及要素的计算机辅助设计图等。

01.373　命令行　command line
用命令语言编写的一个文本串,它可被传递给命令解释器去执行。

01.374　命令行界面　command line interface
操作系统与用户之间进行交互的一种界面形式。在这种界面中用户通过使用一种特定的命令语言来输入命令。

01.375　模糊概念　fuzzy concept
不能客观地定性定量定义的某事物。

01.376　模糊容差　fuzzy tolerance
图层中两点间的最小距离。距离小于此值的两个结点将会融合为一点。

01.377　模块　module
能够单独命名并独立地完成一定功能的程序语句的集合。

01.378　模式　schema, mode, pattern
模型的形式化描述。

01.379　模型　model
用以分析问题的概念、数学关系、逻辑关系和算法序列的表示体系。

01.380　目标　object
面向对象的程序设计中,既包含例程又包含数据的变量,可当作分立的实体来处理。

01.381　目标代码　target
由编译器或汇编器产生,从程序源代码翻译而来的代码。通常指的是可以直接被系统中央处理器执行的机器代码。

01.382　目标点　target point
被选中作为操作对象的点状要素。

01.383　目标区　target area
被选中作为操作对象的面状要素。

01.384　目录　directory
一种对存储在磁盘上的文件和其他目录进行组织和分组的方法,通常采用树形结构。不同的操作系统对目录可以有不同的支持方式,目录中的文件名也可以按不同的方式进行查看和排序。

01.385　内部数据库文件　internal database file
描述数据库内部图形文件属性信息的文件。

01.386　内部数据模型　internal data model
数据库内部描述数据、数据间的关系、对数据的操作以及有关的语义约束规则。

01.387　内存管理单元　memory management unit
中央处理器中用来管理虚拟内存、主存储器

的控制电路,同时也负责逻辑地址和实际地址的映像工作。

01.388 内多边形 hole
位于另一多边形内部的一个多边形,两多边形没有共同边界或共同点。

01.389 派生数据 derived data
由其他数据产生的、非原始的数据,是某些空间分析的结果。

01.390 配置 allocation
又称"分配"。网络中资源的分配,用于网络分析。将弧段或结点指派到最近的设施,直至达到设施容量或弧段的阻抗限制。

01.391 配准控制点 tic
图层上代表地面已知位置的配准点或地埋控制点。

01.392 批处理文件 batch file
包含有操作系统命令序列的文件,用于实现批处理操作。

01.393 片 slice
微型计算机的一种结构形式。

01.394 偏航角 yaw angle
飞行器(飞机、火箭及太空飞行器等)绕以本体重心为原点的直角坐标系竖轴做旋转运动,其纵轴与某选定参考线在水平面上的投影之间的夹角。

01.395 带宽 [frequency] bandwidth
全称"频带宽度"。传输线路、设备装置等的频率响应范围;或指信号频率的分布范围。

01.396 频段 frequency band
又称"频带"。电磁波频谱中连续和特定的频率区域。其划分在不同领域、不同时间有差异。

01.397 频率图 frequency diagram
表示频率分布的直方图,利用它可以大致画出频率分布曲线。

01.398 破碎多边形 sliver polygon
又称"无意义多边形"。两个或多个多边形叠加时,不能够完全衔接好,而沿着一个或多个边叠加而形成的狭小区域。

01.399 起点 start point
一条弧段或多边形的起始点。

01.400 吉字节 gigabyte, GB
2 的 30 次方字节,大约一千兆字节。

01.401 千字节 kilobyte, KB
2 的 10 次方字节,大约一千字节。

01.402 嵌入式结构化查询语言 embedded SQL
在程序设计语言中结构查询语言语句的使用方法,包含将标准结构查询语言集成在第三代语言中的所有结构查询语言命令和流控语句。

01.403 区域 area
用某项指标或某几个特定指标的结合在地球表面划分出具有一定范围的连续而不分离的单位。

01.404 曲线 curve
具有一定曲率的点的集合。

01.405 全球定位系统 global positioning system, GPS
美国国防部为军事需要建立的全球定位导航系统。利用卫星的信号准确测定待测点的位置,可用于舰船、飞机、车辆导航和各类测量的精确定位。

01.406 全色的 panchromatic
对所有可见光谱均能够感光的性质。

01.407 缺省数据库 default database
当用户没有选择操作的数据库时,系统默认的数据库。

01.408 缺省文件扩展名 default filename extension

操作系统或者是应用系统默认操作文件的扩展名。

01.409 缺省值 default value

又称"默认值"。当用户没有给出明确的选择值时,系统做出的选择。

01.410 扰动轨道 disturbed orbit

受各种力学因素影响的航天器实际运行轨道。这些力学因素包括地球非球形引力、第三体引力、太阳辐射压(太阳直接辐射和地球反照)、大气阻力、航天器喷气动力等。它们均会对航天器产生摄动加速度。

01.411 人工智能 artificial intelligence, AI

研究、开发应用于模拟、延伸和扩展人的智能的理论、方法、技术及应用系统的一门新的技术科学。

01.412 人机界面 human computer interface

一种有限范围的自然语言理解系统,它可以把用户输入的自然语句翻译成计算机系统能够识别的指令序列。

01.413 人口统计模型 demographic model

对人口分布特性进行模拟的统计数学模型。

01.414 人口统计数据 demographic data

对人口分布特性进行统计得到的各类空间数据和属性数据的总称。

01.415 人口统计数据库 demographic database

用于对人口分布统计数据进行管理的数据库系统。

01.416 人口统计图 demographic map

根据区域内人口的统计资料,经分类统计后用图表示的专题地图。

01.417 容差 tolerance

在一定测量条件下规定的测量误差绝对值的允许值。

01.418 冗余 redundancy

同一信息存储在不同的文件中的现象。在信息传输中,指可以从总信息量中去掉而不会丢失基本信息的那部分毛信息内容。

01.419 三维表面模型 3D surface model

采用某种方法对物体三维表面进行重构所得到的模型。

01.420 散射 diffuse reflectance

电磁辐射在非均匀媒质或各向异性媒质中传播时改变原来传播方向的现象。

01.421 色度 chroma

对颜色的度量,常用的有规范性意义的色度形式有三种:CIEXYZ、CIELAB、CIELUV。

01.422 色相 hue

又称"色调"。色彩所呈现出来的质的相貌。是色彩的首要特征,是区别各种不同色彩的最准确的标准。

01.423 熵 entropy

信息论中的基本概念。一种描述状态特性的函数。在图像处理中,常被用作描述亮度值分布的分散程度和均匀程度。

01.424 设备空间 device space

显示设备中全部可编址像素点的完整集所定义的空间。

01.425 设备坐标 device coordinate

依照仪器的坐标系统所产生的坐标。如数字化仪所默认的坐标系。

01.426 设施数据 facility data

描述设施空间及属性信息的数据。侧重于管理设施数据,数据之间除了地理拓扑关系之外,更注重于设施之间的网络拓扑和逻辑关系,同时还要包含各种工程数据。

01.427 设施数据库 facility database

用于存储、管理工程设施数据以及设施地理信息数据的数据库。

01.428 设施图 facility map
为展示各种设施的空间分布,按一定的比例尺,经过选择、符号化和概括化后的地图。

01.429 神经网络 neutral network
由大量神经元相互连接而构成的自适应非线性动态系统。

01.430 生态系统 ecosystem
在一定地表范围内相互关联、相互影响的生物群落及其环境形成的生态单位,作为一个整体发挥作用。

01.431 十进制[的] decimal
以 10 为基数的计数制。使用数字 0,1,…,9 来表示。

01.432 十六进制[的] hexadecimal
以 16 为基数的计数制。十六进制系统使用数字 0 到 9 和 A 到 F(大写或小写)表示十进制数 0 到 15。一个十六进制数存储时占用四个位,一字节可以用两个十六进制数表示。

01.433 十六进制数 hexadecimal number
以十六进制格式表示的数字。

01.434 时间标记 time stamp
又称"时间戳"。标记在某个目标之上的时间值。用以表示在该目标的运行历史中处于某个临界点的系统时间。

01.435 时间参照系 temporal reference system
提供描述时间参考系统的元素。如日期、时间。

01.436 时间分辨率 temporal resolution
遥感重复成像时间的间隔。

01.437 时间精度 temporal accuracy
又称"时间准确度"。地理数据集的时间属性的准确度。

01.438 时间粒度 time granularity
时间离散化程度的度量。

01.439 时间数据类型 time data type
表示时间的数据类型。

01.440 时间维 temporal dimension
将时间看成是一条空间无限延伸的轴线。

01.441 时空数据 spatio-temporal data
同时包含时间–空间特征的地学数据。

01.442 时空数据库 spatio-temporal database
包括时间和空间要素在内的数据库系统。

01.443 时空数据模型 spatio-temporal model
描述现实世界中的时空对象、时空对象间的联系以及语义约束的模型。

01.444 时空推理 spatio-temporal reasoning
对占据空间并随时间变化的对象所进行的推理。

01.445 时空语义 spatio-temporal semantics
描述时空数据和时空变化的语义,是构建时空数据模型和时空数据库管理系统的基础。

01.446 时空元素 spatio-temporal element
时空范围内的基本时空单元。

01.447 时态尺度 temporal scale
又称"时间尺度"。地理数据的一个基本特征,指现象或物体随时间变化的尺度。

01.448 时态数据库 temporal database
不仅能够支持用户自定义时间,还能支持其他某种时间关系的数据库。

01.449 时态数据模型 temporal data model
表示、组织、管理、操作随时间变化的空间数据的数据模型。用于重建历史状态、跟踪变化、预测未来。

01.450 时态特征 temporal characteristic
地理对象随时间发生变化的属性特征。

01.451 时态元素 temporal element
表示时态信息的基本时间元素,可以是基于点、基于区间、基于跨度时间元素,也可以是一个时间集合。

01.452 时态属性 temporal attribute
随时间变化的非空间属性的描述。

01.453 时态坐标 temporal coordinate
事件发生时间或数据采集时间。

01.454 实体 entity
具有相同属性描述的对象(人、地点、事物)的集合。

01.455 实体点 entity point
空间上不能再分的地理实体。

01.456 实体对象 entity object
现实世界中的事物在数字世界中的反映。

01.457 实体关系模型 entity relationship model, E-R model
简称"E-R 模型"。直接从现实世界中抽象出实体类型和实体间联系,然后用实体关系图表示的数据模型,是描述概念世界,建立概念模型的实用工具。

01.458 实体关系数据模型 entity relation-ship data model
数据库概念设计的模型,描述物理上或概念上独立存在的事物之间的关联模型。

01.459 实体关系图 entity relationship dia-gram, ERD
描述数据库中实体及其关系的一种逻辑方式,以图形表示实体及实体间的关联性。

01.460 实体集 entity set
物理上或概念上独立存在的事物所构成的集合。

01.461 实体集模型 entity set model
同类实体组成的集合的数学模型。

01.462 实体类 entity class
实体按照类型分组,每个组里相同类型的实体有着相同的属性和关系结构。

01.463 实体类型 entity type
具有共同要素的实体的集合。关系数据库中对象类的集合。

01.464 实体模型 entity model
多个特征组成的一个整体的一种三维物体表达方式。

01.465 实体实例 entity instance
某种实体的一个具体的例子。

01.466 实体属性 entity attribute
实体要素的描述。

01.467 实体子类 entity subtype
实体的子集。

01.468 实用标准 functional standard
适合于实际使用的具体标准。

01.469 矢量 vector
用于存储空间数据的一种方法。矢量数据由起点和终点定义的线或弧组成,其线或弧相交于结点。

01.470 矢量数据 vector data
以矢量方式存储的数据,它由表示位置的标量和表示方向的矢量两部分构成。在地理信息系统空间数据库中,矢量数据用于表达既有标量属性又有方向属性的地理要素。

01.471 矢量数据结构 vector data structure
通过坐标值表示点、线、面等地理实体的数据组织形式。

01.472 事件 event
发生在某个确定时刻的一件事。

01.473　事件时间 event time
事件发生的时间。

01.474　事务处理记录 transaction log
记录整个事务处理过程的日志记录。

01.475　事务处理数据库 transactional database
用于保存事务处理记录的数据库。

01.476　视点 viewpoint
又称"观察点"。在空间数据模型中考虑问题的出发点或对客观现象的总体描述。

01.477　视口 viewport
又称"视见区"。计算机图形显示中,在显示屏幕上规定的一个用来显示图形的矩形区域。其中包括提示、设定参数以及各种方便顾客的图表等内容。

01.478　树状图 dendrogram
又称"谱系图"。表示集群(包括单个样品)间内在联系与差异的一种结构图。其"分枝"表示较小集群,其"根"表示较大集群。在分类过程中用以指导相似性水平的选取。

01.479　数据 data
对某一目标或现象进行定性或定量描述的数字、文字、符号、图形、图像等。

01.480　数据访问安全性 data access security
信息系统用于控制用户浏览和修改数据能力的方法。这些方法包括对数据逻辑视图的浏览,以及单独用户或用户群获取数据的授权。

01.481　数据安全[性] data security
在数据的使用和交换过程中,采用一定的安全机制,按照不同等级的权限对数据进行处理,保护数据所有者的权益。

01.482　数据保密 data secrecy
通过各种技术手段防止未经授权泄漏数据。

01.483　数据表 data table
关系数据库中,具有水平及垂直方向的一组数据记录。

01.484　数据采集点 data collection point
监测、获取数据的空间位置或部门等。

01.485　数据采集区 data collection zone
获取数据的地理范围。

01.486　数据仓库 data warehouse
面向主题的、集成的、相对稳定的、体现历史变化的数据集合。

01.487　数据操作语言 data manipulation language,DML
用户与数据库系统的接口,数据库管理系统的一部分。其功能是提供对数据的操作,如数据的查询、插入、更新、删除等。

01.488　数据层 data layer,data coverage
具有相同特征、存储在一起的数据。

01.489　数据查询语言 data query language
一种主要用于从数据库、数据文件中检索所需数据集的语言。

01.490　数据产品 data product
在属性数据、空间数据基础上构建的可以应用在不同领域的专题数据。

01.491　数据产品级别 data product level
根据应用要求处理数据的不同等级。

01.492　数据存储控制语言 data storage control language
一种用于检索或者修改数据以及用于定义数据库用户权限的语言。

01.493　数据代理商 data broker
可以按用户的请求调度到相应的资源,并把得到的结果返回给客户的数据提供机构或人员。

01.494　数据单元 data cell

在计算机程序中通常作为一个整体进行考虑和处理的数据基本单位。

01.495　数据档案　data archive
归档的数据。

01.496　数据定义　data definition
针对数据属性和对象的操作。

01.497　数据定义语言　data definition language, DDL
数据库中用于定义数据库的所有特性和属性,尤其是行布局、列定义、键列(有时是选键方法)、文件位置和存储策略等的语言。

01.498　数据定义域　data universe
数据库中特定数据类型的取值范围。

01.499　数据独立存取模型　data independence access model
通过将数据的定义与存储从程序中独立出来,从而实现数据独立存取的方法。

01.500　数据对象　data object
任何唯一可识别的数据。数据对象存储在电子数据库中,只要可能就配准到共同地理空间框架的几何结构之中。数据对象包括必需的属性、逻辑相互关系及对应的元数据。

01.501　数据格式　data format
数据保存在文件或记录中的编排格式。

01.502　数据更新率　data update rate
数据更新的速度。

01.503　数据共享　data sharing
不同的系统与用户使用非己有数据并进行各种操作运算与分析。

01.504　数据管理和检索系统　data management and retrieval system, DMRS
提供数据存储、编辑、添加、删除、查询等功能的计算机系统。

01.505　数据管理结构　data management structure
对数据进行分层、分级组织与管理的形式。

01.506　数据管理能力　data management capability
有关地理空间数据和属性数据的收集、存储、检索、显示、查询和编辑等能力。

01.507　数据管理系统　data management system, DMS
一种应用于存储、维护、定位和检索数据的应用系统。

01.508　数据管理员　data administrator
对数据进行管理、维护、备份以及对其他用户授予数据访问权限等操作的数据管理用户。

01.509　数据规范　data specification
由协会、使用者等所撰写的,对数据采集、存储、加工、管理等技术事项做出统一规定的文件。

01.510　数据集　data set
任何具有共同主题和相似属性的数据集合。

01.511　数据集目录　data set catalog, data set directory
用来管理地理数据集的系统目录。

01.512　数据集文档　data set documentation
记录关于数据集描述信息的数据文件。

01.513　数据集系列　data set series
具有共同主题,执行相同产品规范的数据集的集合。

01.514　数据集质量　data set quality
数据集是否满足用户需求的特性。

01.515　数据记录　data record
表达和描述空间实体的位置、拓扑关系和几何特征等的数据集。

01.516 数据加密标准 data encryption standard

对数据进行加密保护的一种算法标准。

01.517 数据兼容性 data compatibility

对多种不同地理信息系统平台的数据文件之间相互转换难易程度的描述。

01.518 数据交换格式 data exchange format, data interchange format

不同的地理信息系统或地理信息系统与其他信息系统之间实施数据双向交换时采用的数据格式。

01.519 数据结构 data structure

用于表达相互之间存在一种或多种特定关系的数据元素及其操作的计算机存储、组织数据的方式。

01.520 数据结构图 data structure diagram

在结构分析中,用于表示实体、属性和数据之间关系的一种示意图。

01.521 数据可操作性 data manipulability

对数据进行分类、归并、排序、存取、检索和输入、输出等操作的程度。

01.522 数据可访问性 data accessibility

又称"数据可存取性"。系统用户进行查询和修改数据的能力。

01.523 数据可移植性 data portability

以不同的操作系统去使用相同数据集或文件的可能性。

01.524 数据库 data base, data bank

长期储存在计算机内、有组织的、可共享的大量数据的集合。数据库中的数据按一定的数据模型组织、描述和储存,具有较小的冗余度、较高的数据独立性和易扩展性,并可为多用户共享。

01.525 数据库层次结构 database hierarchy

满足如下两个条件的基本层次联系的集合:有且只有一个结点没有双亲结点,即根结点;根以外的其他结点有且只有一个双亲结点。每个结点表示一个记录类型,每个记录类型可包含若干个字段,记录类型之间存在一对多的联系。

01.526 数据库对象 database object

数据库的组成部分,常见的有:表、索引、视图、图表、规则等。

01.527 数据库关键字 database key

由系统产生的值,它唯一确定数据库中的记录。

01.528 数据库管理系统 database management system, DBMS

位于用户与操作系统之间的一层数据管理软件,是计算机的基础软件,也是大型复杂的软件系统。包括数据定义、组织、存储、管理、操纵、建立、维护等功能。

01.529 数据库管理员 database manager, database administrator, DBA

负责数据库管理的个人或小组。

01.530 数据库规范 database specification

用来识别一个数据库的数文混编代码。

01.531 数据库可信度 database credibility

数据库可以信赖的程度,取决于数据的采集、处理与分析过程等。

01.532 数据库寿命 database duration

数据库应用的生命周期,分为设计、开发和成品三个阶段。

01.533 数据库完整性 database integrity

根据数据模式和数据类型维护数据库中的数据值的正确性和相容性,是为了防止数据库中存在不符合语义的数据。

01.534 数据库[系统]结构 database architecture

数据库框架体系,从数据库管理系统角度

看,数据库系统通常采用模式、内模式、外模式三级模式结构,是数据库管理系统内部的系统结构;从数据库计算机系统角度看,数据库系统的结构分为集中式结构、分布式结构、客户/服务器结构和多层客户机/服务器结构等,是数据库系统外部的体系结构。

01.535　数据块　data block,block
一组记录或顺序连续排列在一起的几组记录。在存储器与输入输出装置之间,它们是作为一个数据单位进行传输的。

01.536　数据类别　data category
地理信息系统中,按照数据特征进行的数据分类。

01.537　数据类型　data type
一组性质相同的数据的集合以及定义于这个数据集合上的一组操作的总称。

01.538　数据链接层　data link layer
国际标准化组织关于开放系统互连参考模型的第二层。它是在网络层实体之间,通常在相邻结点中,提供传送数据服务的层。

01.539　数据流　data stream
(1)在单一的读或写操作中所有经过通信线路传输的数据。(2)计算机运行时,把依次存取的数据排成一个序列。

01.540　数据密度　data density
采样数据的一种属性,用以描述单元中数据的多少,可由几种方式指定。如相邻两点之间的距离、单元面积内的点数、截止频率等。

01.541　数据描述语言　data descriptive language
对数据进行描述的方案和描述符语言,它也允许现存描述方案的扩充和修正。在此基础上,用户就可以根据需要自己来定义新的描述方案和描述符。

01.542　数据敏感性　data sensitivity

一般指数据的密级,以及需要采取的保密措施。

01.543　数据模型　data model
数据库中数据的组织形式,决定数据库中数据之间联系的表达方式,也可表示事物的各组成要素的关系。

01.544　数据目录　data catalogue,data directory
将数据按一定的规则编排形成的名目。

01.545　数据拼块　data tile
对空间数据进行处理的一种数据分块方法。可以减少内存占用,提高数据处理的速度。

01.546　数据区　data area
用于进行数据存放与处理的区域。

01.547　数据全集　data universe
将所有数据集中到一起所形成的集合。

01.548　数据权限　data right
约束用户对数据的使用权力。

01.549　数据冗余　data redundancy
同一数据存储在不同的数据文件中的现象。

01.550　数据输出选项　data output option
可供选择的数据输出形式属性。

01.551　数据[速]率　data rate
数字传输系统每秒钟传输数据的比特数。其单位是比特每秒(bit/s)。

01.552　数据完整性　data integrity
数据库中所包含数据满足数据模型和数据类型的准确性及一致性的程度。

01.553　数据网络标识码　data network identification code
数据在网络中的识别标志。

01.554　数据位　data bit
数据存储或表示的最小计量单位。

01.555 数据文件 data file
以特定格式组织的用于存储数据的文件。

01.556 数据系统 data system
由大量数据组成的数据集合及其组织管理实体。

01.557 数据相关性 data relativity
数据之间的相互联系的度量。

01.558 数据项 data item
可以引用的最小的命名数据单位。

01.559 数据信号传输率 data signaling rate
每秒能传输的二进制信息位数。

01.560 数据压缩比 data compression ratio
数据被压缩的比例,为衡量数据压缩器压缩效率的质量指标。

01.561 数据压缩系数 data compression factor
在数据压缩过程中使用的一系列参数。

01.562 数据依赖性 data dependency
数据相互之间的制约关系的统称。

01.563 数据语言 data language
用来定义数据库和它们构成要素的结构化查询语言语句。

01.564 数据域 data field
一组具有相同数据类型的值的集合。

01.565 数据元素 data element
最小的不可再分的数据单位。

01.566 数据真实性 data authenticity
与数据满足专门或给定标准的程度有关的一个比值。这些标准通常涉及数据的精度和数据的无差错程度。

01.567 数据志 data lineage
数据的历史沿革信息。包括获取或生产数据使用的原始资料说明,数据处理中的参数、步骤等情况及负责单位的有关信息等。

01.568 数据质量 data quality
数据满足需求程度的指标。包括从属关系、完整性、现势性、逻辑一致性和数据的精度等相关信息。

01.569 数据质量单位 data quality unit
报告数据质量评价结果的值的单位。

01.570 数据质量定性元素 data quality overview element
又称"数据质量综述元素"。说明数据集质量的非定量组成部分。

01.571 数据质量控制 data quality control
采用一定的工艺措施,使数据在采集、存储、传输中满足相应的质量要求的工艺过程。

01.572 数据质量模型 data quality model
全面描述数据各项质量指标的数学模型。

01.573 数据质量评价结果 data quality result
数据质量度量得到的一个值或一组值,或者将获取的一个值或一组值同规定的一致性质量等级相比较得到的评价结果。

01.574 数据质量元素 data quality element
说明数据集质量的定量组成部分。

01.575 数据主题区 data subject area
又称"主题数据"。为了特定的应用目的或应用范围,而从数据仓库中独立出来的一部分数据。

01.576 数据属性 data attribute
数据单位的一种特性。如长度、存取权、值或格式。

01.577 数据字典 data dictionary
用来描述地理信息系统数据库中所存储数据的信息的数据集合。包含属性的名称、编码的意义、数据的比例尺、精度和地图投影等信息。

01.578 数据字段 data field
数据记录中已经定义好的存储某一特定类型数据的部分。

01.579 数值 digital number, DN
表示数字影像中一个像素相对应的值。

01.580 数字表面模型 digital surface model, DSM
物体表面形态数字表达的集合。

01.581 数字[式]的 digital
用数字表示,尤其用于计算机中。

01.582 数字地理空间数据框架 digital geospatial data framework
又称"数字地球空间数据框架"。国家空间数据基础设施(NSDI)的一部分,它提供一个可以进行精确地、始终如一地获取、配准和集成地球空间信息的基础。此框架中包括正射影像、大地控制、高程、交通、水系、政区、公用地籍以及资源、环境、社会、经济、历史记录等方面的数据。

01.583 数字地面模型 digital terrain model, DTM
描述地面上地形起伏特性的空间分布的有序数值阵列,是带有空间位置特征和地形属性特征的数字描述。

01.584 数字地球 digital earth
以计算机、多媒体和大规模存储等技术为基础,以宽带网络为纽带,对地球进行多分辨率、多尺度、多时空和多种类的海量信息数字描述。

01.585 数字地图 digital map
以数字形式记录和储存在计算机存储介质上的地图。

01.586 数字地图层 digital map layer
以数字形式存储在计算机内的描述区域分布的综合空间数据集。常用来描述在一个主题内或在空间对象的关联上具有统一属性或属性值的实体,如土壤、道路、河流等。

01.587 数字地图交换格式 digital cartographic interchange format, DCIF
不同地理信息系统之间或地理信息系统与其他信息系统之间,实现数字地图双向交换时所采用的数据格式。

01.588 数字地图模型 digital cartographic model
表示地图要素或制图处理的数字模型。

01.589 数字高程模型 digital elevation model, DEM
又称"数字高程矩阵"。描述地面高程或海拔空间分布的有序数值阵列。

01.590 数字化测图 digitized mapping
对数字化的航空像片或直接获取的数字影像采集地图要素,输出数字化测绘产品。

01.591 数字化视频 digitized video
数字表示的视频信号。

01.592 数字化仪分辨率 digitizer resolution
每英寸被绘制对象通过数字化仪可以被表示成的点数。点数值越大,绘制出的效果也就越好。

01.593 数字化仪精度 digitizer accuracy
光笔在数字化仪的电磁感应板上可以表现出的最小的精确度。精度越高,绘制出的图形就越精准。

01.594 数字化影像 digitized image
将像片影像以像元为单位对其密度的连续变化做等间隔的采样和量化后,所获得的数字影像。

01.595 数字化阈值 digitizing threshold
数字化线条或多边形地物时的采点距离。当两个连续数化点间的距离大于该距离时,视为新的数字化点。

01.596　数字景观模型　digital landscape
　　　　　model, DLM
一种地形数据模型,其数据结构描述地理实体的精确位置、形状和属性,以及实体之间的空间关系、变化过程等。

01.597　数字矩阵　digital matrix
用于表示数字图像的整数矩阵。

01.598　数字摄影测量系统　digital photo-
　　　　　grammetric system, DPS
无须精密光学机械部件,可集数据获取、存储、处理、管理成果输出为一体,能完成所有测量任务的单独的一套技术系统。

01.599　数字数据库　digital databasc
对某种特定项的详尽全面的计算机文件和计算机记录的集合。

01.600　数字特征分析数据　digital feature
　　　　　analysis data, DFAD
美国国家图像制图局(NIMA)制定的一种标准产品格式。

01.601　数字制图数据标准　digital carto-
　　　　　graphic data standard
按一定格式和规则统一图形数据、属性数据的规定。

01.602　数字信号　digital signal
其信息是用若干个明确定义的离散值表示的时间离散信号。它的某个特征量可以按时提取。

01.603　数字影像　digital image
又称"数字图像"。物体光辐射能量的数字记录形式或像片影像经采样量化后的二维数字灰度序列。通常以空间灰度函数 $g(i, j)$ 构成的矩阵形式的阵列表示。

01.604　数字影像数据库　digital image data-
　　　　　base

把用计算机处理的影像信息(数据)有机地组织起来并加以有效管理的数据库。

01.605　数字栅格图　digital raster graphic,
　　　　　DRG
现有纸质地形图在扫描数字化后,经几何纠正,并进行内容更新和数据压缩处理后得到的栅格数据文件。

01.606　数字区域　digital region
运用全球定位系统、遥感、地理信息系统、宽带网络、多媒体及虚拟现实等技术,实现区域资源、环境、经济、社会的数字化与网络信息共享。

01.607　正射影像地图　orthophoto map
用正射像片编辑的带有公里格网、图廓内外整饰和注记及有关地物要素的地图。

01.608　数组　array
存储在计算机中的一组数据值,通常使用线性二维方式存储,也可以采用三维或更多维数来存储。

01.609　双精度　double precision
依照所要求的精度,使用两个计算机字来表示一个数的特性。

01.610　水准点　benchmark
沿水准路线每隔一定距离布设的高程控制点。

01.611　顺序索引文件　indexed sequential
　　　　　file
其记录按关键字顺序排列的索引文件。

01.612　四叉树　quadtree, Q-tree
树的一个重要子集,由一个根和四棵互不相交的子树构成。其子树也是四叉树,具有递归性,是一种有效的栅格数据压缩编码方法,用四叉树结构将整个图像区逐步分解为4个被单一类型区域内含的方形区域,最小的方形区域为一个栅格单元。

01.613 算法 algorithm

对特定问题求解步骤的一种描述,是指令的有限序列,其中每一条指令表示一个或多个操作。

01.614 缩微胶片 microfilm

一种精细颗粒,高分解度的胶片。包含一个比其原来在纸面上的形状大幅缩小的影像。

01.615 索引 index

一类特殊的数据结构,由给定的一个或一组数据项(键码或非键码)组成,其值用来指向数据文件中相应记录的记录指针或记录号。

01.616 索引图 index map

概括描绘的一种参考图,用来表示影像重叠的情形以及所涵盖的地面区域位置的地图,并确认多个地图中使用到的部分地图及其相邻地图,常作为各种工作计算的依据。

01.617 特征 feature

地球空间上可以用数据描述的客观现象,表达了用来描述空间实体的数据集的标识与封装,是客观存在、能看得见的或纯粹是概念上的(如行政区)具有属性与地理描述信息的实体。

01.618 特征标识符 feature identifier

用于标识某个特征要素的标记。

01.619 特征码 feature code

用来表示地图要素类别、级别等分类特征和其他质量、数量特征的代码。

01.620 特征频率 characteristic frequency

某一事物独有的、容易被识别、量测的频率。

01.621 特征曲线 characteristic curve

表示某事物变量之间关系的曲线。该曲线可以使该事物与它事物得以区别。

01.622 特征矢量 eigenvector

设 A 是 n 阶方阵,如果数 λ 和 n 维非零矢量 X 使关系式 $AX = \lambda X$ 成立,那么非零矢量 X 称为 A 的对应于特征值 λ 的特征矢量。

01.623 特征值 eigenvalue

设 A 是 n 阶方阵,如果数 λ 和 n 维非零矢量 X 使关系式 $AX = \lambda X$ 成立,那么这样的数 λ 称为方阵 A 的特征值。

01.624 体 solid

一种三维几何要素。

01.625 体系 architecture

一个系统、方案或者系统组合的抽象技术性描述。

01.626 天顶距 zenith distance

由天顶沿地平经度圈量度到观测目标的角度。

01.627 通用对象模型 common object model

微软提出的对象中间件模式,它支持的是一种以文档为中心的对象模式,支持信息的集合,但不支持信息的继承。

01.628 通用建模语言 unified modeling language, UML

一种面向对象的建模语言,运用统一的、标准化的标记和定义实现对软件系统进行面向对象的描述和建模。

01.629 通用数据结构 common data architecture, versatile data structure

内存中一块连续的空间,用它来表示几种不同类型的数据字段的集合,其中每个字段都位于相对于块起始处距离固定的位置。

01.630 标准通用置标语言 standard general markup language, SGML

一种信息管理标准,它可以提供与平台以及应用程序无关的文档,这些文档包含格式、索引和链接信息。

01.631 统一用户界面 unified customer interface

又称"统一用户接口"。统一的软件操作平

台。便于操作、维护和管理。

01.632　统一资源定位器　uniform resource locator，URL
一种用于表示因特网上可用资源的语法及语义。

01.633　头记录　header record
一般的图像文件格式都有一个头记录，或独立存放，或保存于图像文件中，记录了图像文件的大小、类型、重要位置等信息。

01.634　头文件　header file
作为一种包含功能函数、数据接口声明的载体文件。用于保存程序的声明。

01.635　凸包　convex hull
又称"凸壳"。一个包围另一个物体时不产生任何凹穴的几何形状。

01.636　凸多边形　convex polygon
由多条直线包围的封闭形状。相邻直线构成的每个内角均小于180°。

01.637　图　graph，plot
一种结点连接集合，由某些结点与分支结点连接而成。

01.638　图标　icon
在屏幕上用于表示某功能或对象的小图形。有视觉助记符的功能。

01.639　图层　coverage
一种用来存储地理要素的数据模型，一个图层存储了主要地理要素（如点、弧段、多边形等）和次要地理要素（如图幅范围、连接及注释等），是一组与主题相关的数据单元。相应的特征属性表描述和存储了地理要素的属性信息。一个图层通常代表单一主题，用来存储主题相同的地理要素，如土地、河流、公路及土地利用等。

01.640　图幅范围　map extent
地理数据集的地理范围，由最小包围界限之

矩形（即 x 坐标最小值 x_{min}、y 坐标最小值 y_{min} 以及 x 坐标最大值 x_{max}、y 坐标最大值 y_{max}）所定义，所有的数据皆在此范围内。

01.641　图廓线　border line
一幅图的范围线。分为内图廓线和外图廓线。

01.642　图例　legend，map legend
地图上所用符号和色彩所表示特征的释义和说明。

01.643　图像　imagery
自然或人工地物以及相关目标和活动的照片或影像，也包含在获取影像时图像的位置数据。

01.644　图像目录　image directory
又称"影像目录"。已建立的全部图像文件的目录。内容包括每个文件的名字、类别或特性，图像数据类型、数据结构、行数、列数、谱段数目、时相数目，还包括文件占用外存空间大小和位置、建立时间等信息。

01.645　图形　graph
在载体上以几何线条和几何符号等反映事物各类特征和变化规律的表现形式。

01.646　图形变量　graphic variable
图形符号的基础，用来区别不同符号间差别，包括形状、尺寸、方向、亮度、密度和色彩等。

01.647　图样　pattern
用于填充某一图形区域的内部，或者用来表示点或者线的一种图形样式。

01.648　退火算法　annealing algorithm
受物理学领域启发而来的一种优化算法。以一个问题的随机解开始，用一个变量来表示温度，这一温度开始时非常高，尔后逐渐变低。每一次迭代期间，算法会随机选中题解中的某个数字，然后朝某个方向变化。

01.649 拓扑[学] topology
近代发展起来的一个研究连续性现象的数学分支。研究拓扑空间在拓扑变换下的不变性质和不变量。

01.650 拓扑关联数据库 topologically linked database
以拓扑形式相互联系的数据库。

01.651 拓扑关系 topological relationship
反映空间实体之间不随实体的连续变形而改变的,与量度和方向无关的空间关系。如实体之间的邻接、关联和包含等关系。

01.652 拓扑基元 topological primitive
拓扑结构中单一的、不可再分的空间基本元素。包括结点、弧段和多边形。

01.653 拓扑结构 topological structure
根据拓扑关系进行的空间数据组织方式。

01.654 拓扑结构化数据 topologically structured data
具有拓扑结构的数据的集合。

01.655 拓扑数据 topological data
满足拓扑关系的数据。

01.656 拓扑数据结构 topological data structure
表示拓扑关系的一种矢量数据结构,对点、线和面之间的拓扑关系进行明确定义和描述。

01.657 拓扑数据模型 topological data model
带有拓扑关系的矢量数据模型。

01.658 拓扑统一地理编码格式 topologically integrated geographic encoding and referencing, TIGER
按照拓扑规则对地理信息进行编码的格式。一般指美国人口调查局所采用的数据格式。

01.659 太字节 terabyte, TB
又称"万亿字节"。2 的 40 次方字节,大约一千吉字节。

01.660 格网间距 grid interval
格网中纵线或横线之间的距离。

01.661 网络 network
由相互连接的结点和弧段组成的系统结构。

01.662 网络地理信息系统 network GIS
利用因特网技术实现异地、异部门、异构数据库的远程互操作与互运算的地理信息系统。

01.663 网络结构 network structure
计算机网络中,网络结点计算机或终端的连接方式。影响网络的设计、功能、可靠性以及通信费用等。

01.664 网络数据 network data
共享于网络中,供所有网络上有权限用户使用的数据。

01.665 网络数据库 network database
在网络上共享的可供多用户使用的数据库。

01.666 网络拓扑 network topology
在计算机网络中指定设备和线路的安排或布局;在地理网络中指网络要素之间的连接关系。

01.667 卫星影像 satellite image
通过卫星传感器获取地球表面反射或发射的电磁波信号形成的图像。

01.668 位每秒 bits-per-second, bps
调制解调器等设备传输数据的速度。以位每秒表示的传输速度,不同于波特率。

01.669 位图 bit map
一种数据结构,以单个数据位集合的形式表示信息。

01.670 位置误差 location error

空间数据的准确度。

01.671　位置准确度　positional accuracy
又称"位置精度"。空间点位获取坐标值与其真实坐标值的符合程度。

01.672　文本　text
一个字符流,由一连串的字符组成,是计算机表示文字信息的一种媒体。

01.673　文本窗口　text window
用于显示和记录各种文本信息的窗口。

01.674　文本对象　text object
文本中所包含的各类对象。

01.675　文本框　text rectangle
义字串界限的矩形框。

01.676　文本数据　text data
文本格式的数据。

01.677　文本样式　text style
文字资料的图形样式。

01.678　文本属性　text attribute
用于定义显示在地图上的文字特征的一组参数。包括颜色、字形、大小、位置和角度等。

01.679　文档　document
在计算机中,以实现某种功能或某个软件的部分功能为目的而定义的一个单位。

01.680　文档文件　document file
对字符、段落、页面格式等进行编辑排版的带格式文本文件。

01.681　文档文件图标　document-file icon
用来标识文档文件的图形标志。

01.682　文档窗口　document window
由标题栏、命令选单、工具栏、工作区等组成的窗口。

01.683　文件格式　file format
确定文件存储、显示或打印的表示方式。

01.684　文件管理系统　file manager system
对文件进行存储和管理的系统。具有文件的建立、删除、修改、读写、控制及对文件的资源管理等功能。

01.685　文件结构　file structure
组成文件整体的各部分的搭配和安排。

01.686　文件结束标志　end of file, EOF
用来标注文件结束的特殊字符。

01.687　文件名　file name
用以标识文件名称的一组字符。

01.688　文件扩展名　file name extension
附加在文件名后面、用来鉴别文件格式类型的标识。

01.689　文件索引　file indexing
一种用于定位随机访问逻辑记录的表,给出分配单元及实际的磁盘地址。索引可根据逻辑记录组织给出每个记录的磁盘地址,也可以是一种分配单元及其磁盘地址的表。

01.690　文件系统　file system
操作系统为了存储和管理数据,而在存储器(包括软、硬盘和光碟等)上建立的文件结构的总和。一般来说,文件系统由操作系统引导区、目录和文件组成。

01.691　文件属性　file attribute
对文件特征的描述。如文件名、文件类型、位置、占用空间大小、创建及修改时间等。

01.692　文字说明　descriptive text
对数据或对象的解释性文字。

01.693　现势性　currency
地图上表示的内容与实地一致的程度。

01.694　线　line
一系列按序排列的坐标值,它表示在给定的

比例尺中,由于太窄而无法定量表示的地理特征的形状,或表示没有面积的线特征。

01.695 镶嵌式数据模型 tessellation data model

将连续的二维空间剖分成规则格网,每个格网都与分类或标识所包含的现象的一个记录有关。

01.696 像片 photograph

利用摄影机光学系统和感光材料,经光化学处理,在感光材料上获取的实体物体影像的一种记录。

01.697 像片判读 photo interpretation

根据地物的光谱特性、空间特征、时间特征和成像规律,识别出与像片影像相应的地物类别、特征和某些要素,或者测算某些数据指标的过程。

01.698 像元 pixel, cell

又称"像素"。数字影像的基本单元。

01.699 像元尺寸 cell size

像元的大小。

01.700 像元分辨率 cell resolution

像元在地面上对应的实际大小。

01.701 像元结构 cell structure

一个像元内所含地物的构成比例。如某个像元内含地物 A 和地物 B,其中 A 占 6 成,B 占 4 成。

01.702 像元码 cell code

像元灰度(亮度)值的代码。

01.703 像元图 cell map

按像元灰度级别或灰度分类(分级)表示颜色或符号的栅格地图。

01.704 小数的 decimal

一种数据类型,用于表示定点小数的精确数字类型,可以对小数进行基本的算术运算。

01.705 协调世界时 coordinate universal time

以国际制秒(SI)为基准,用正负闰秒的方法保持与世界时相差在一秒以内的一种时间。

01.706 信息安全 information safety, information security

为防止信息遭到破坏、更改或泄露而建立或采取的安全保护措施。

01.707 信息管理系统 information management system, IMS

为了组织、编目、定位、存储、检索与保持信息而设计的计算机系统。

01.708 信息技术 information technology, IT

有关数据与信息的应用技术。其内容包括数据与信息的采集、表示、处理、安全、传输、交换、显现、管理、组织、存储、检索等。

01.709 信息检索系统 information retrieval system

能够从大量数据中查找并取出所需信息的系统。

01.710 信息结构 information structure

有关数据元素之间逻辑关系的一种描述。

01.711 信息科学 information science

研究信息的获取、传输、检测、处理、存储与识别的学科。

01.712 信息空间 cyberspace

又称"赛博空间"。最初从电子信息技术引出的具有结点及其联系关系的虚拟空间,与一般说的网络空间不同在于后者一般是物理的、现实的。

01.713 信息率 information rate

单位时间内传输的信息量。

01.714 信息系统 information system

以计算机为基础,对一组织或区域的信息及数据进行收集、评估、存储、检索和传输的系统。

01.715　行结束标志　end of line, EOL
一种机器码字符, 用它来表示一段落或群录的结尾和终点。

01.716　形心　centroid
多边形的几何中心。

01.717　虚拟地图　virtual map
存储于计算机或人脑中的地图。可指导人的空间认知能力和行为或据以生成实地图的知识和数据。

01.718　虚拟现实　virtual reality
存在于计算机系统中的逻辑环境, 通过输出设备模拟显示现实世界中的三维物体和它们的运动规律和方式。

01.719　遥感　remote sensing
非接触的、远距离的探测技术。一般指运用传感器/遥感器对物体的电磁波的辐射、反射特性的探测, 并根据其特性对物体的性质、特征和状态进行分析的理论、方法和应用的科学技术。

01.720　要素　feature
空间数据库中代表真实世界实体的一组点、线或多边形。

01.721　要素标识码　feature identifier
由用户指定的单个地理要素的唯一码。

01.722　要素[代]码　feature code
地理要素的描述或分类的文字或数字代码。

01.723　要素属性　feature attribute
描述地理要素的特点、性质或特征。

01.724　叶结点　leaf node
(1)树结构中最后的结点。(2)结构中的一个框, 没有图中更低一层的分支。

01.725　遗传算法　genetic algorithm
模拟达尔文生物进化论的自然选择和遗传

学机制的生物进化过程的计算模型, 是一种通过模拟自然进化过程搜索最优解的方法。

01.726　异步　asynchronism
一种从客户端应用程序发出的请求, 客户端的应用程序可继续执行, 不必等到服务器响应请求后再执行。

01.727　异常值　outlier
样本中的个别值, 其数值明显偏离所属样本的其余观测值。

01.728　隐含变量　hidden variable
隐含规则中所使用的变量。

01.729　隐含属性　hidden attribute
地理要素中不明显表示的属性信息。一般要通过某种运算方式才能体现。

01.730　应用程序接口　application programming interface, API
实现应用程序与计算机操作系统之间通信, 告诉操作系统要执行的任务的接口。

01.731　应用服务商　application server provider, ASP
一种为个人或单位用户提供应用软件或服务的第三方公司或组织。

01.732　应用模型　application model
从实际问题中抽象出来用于解决或处理某些特定问题的模型。

01.733　影像　image, imagery
物体反射或辐射电磁波能量强度的二维空间记录和显示。

01.734　影像特征　image feature
根据地面物体或目标在形状、大小、阴影、色调、位置等反映在影像上的差异, 形成可判读的特征。

01.735　用户　user
具有访问计算机系统中的特定程序及数据

权力的个人或组织。

01.736 用户标识码 user identifier, user-ID
在信息系统中,用以标识用户的一个独特符号或字符串。

01.737 用户工程师 customer engineer, CE
具有一定的计算机基础理论知识,拥有一定的复杂应用系统的安装、调试经验,向用户直接提供技术支持的人员。

01.738 用户工作区 user work area
用户应用程序与系统缓冲区交换数据的场所。

01.739 用户界面 user interface
计算机系统中实现用户与计算机通信的软硬件设施。

01.740 用户识别代码 user identification code
用来识别某一系统用户身份的唯一代码。

01.741 用户文件目录 user file directory, UFD
计算机中用来确定磁盘中的文件地址或其他目录的标识。

01.742 用户信息控制系统 customer information control system, CICS
用于增加、删除、修改和查询用户信息的管理信息系统。

01.743 用户坐标系 user coordinate system, UCS
用户根据自己的需求和方便定义的坐标系。

01.744 邮政编码 postcode, zipcode
一种用来识别每一个邮政投递区的、包括若干个数字或字母的代码。

01.745 有向图 digraph
每条边都具有方向的一种图数据结构。

01.746 有效性 validity

关于健全的、正确的,或效率的质量状况的一种相对程度的度量。

01.747 有序参照系 ordinal reference system
由一组按时间顺序命名的间隔组成的时间参照系统。每个时间段的长度和起至时间可以是不定的。

01.748 有序时间标度 ordinal time scale
一种用来度量时间的标度,表示时间的相对早晚。

01.749 元数据 metadata
用于描述要素、数据集或数据集系列的内容、覆盖范围、质量、管理方式、数据的所有者、数据的提供方式等有关的信息。

01.750 元数据集 metadata data set
元数据的数据集合。

01.751 元数据实体 metadata entity
一组说明数据相同特性的元数据元素。

01.752 元数据元素 metadata element
元数据的基本单元。

01.753 原色 primary color
包括红、绿、蓝三种颜色,其中的任一种都不能由其余两种颜色混合相加产生,这三种颜色按一定比例混合,可以形成各种色调的颜色。

01.754 原型 prototype
一种原初的类型、形式或例证,是作为其后期阶段的基础的模型。

01.755 载波频率 carrier frequency
卫星发射的载波信号或副载波信号的频率。

01.756 载波相位观测值 carrier phase measurement
卫星发射的载波信号或副载波信号与接收机的本振信号之间的相位差。

01.757 增强图像 enhanced imagery

将原来不清晰的图像变得清晰或强调某些关注的特征,抑制非关注的特征,使之改善图像质量、丰富信息量,加强图像判读和识别效果的图像处理方法。

01.758　栅格　raster
一种存储、处理及显示空间数据的方法。将一给定区域分割为由行与列所形成的规则方格结构矩阵,每一方格不一定是正方形,但必须是矩形。矩阵中每一方格包含属性值及位置坐标,其位置隐含于矩阵的顺序中。

01.759　栅格数据　raster data
二维表面上以规则矩形单元表示的某种地理属性量化值的阵列。每一个矩形单元称为一个像元,每一个像元的行、列号表示其位置。

01.760　栅格数据结构　raster data structure
图形数据按统一的格网或像素存储,采用连续平铺的规则格网来描述空间现象或要素实体的镶嵌数据模型。

01.761　账号　account
在安全或多用户计算机系统中,为实现用户访问系统和资源时的权限控制而建立的一种方法。

01.762　账号名　account name
在计算机系统或网络中标识用户账户的名称。

01.763　折点　vertex
又称"顶点"。弧段坐标串的一系列中间点,精确定义了弧段的几何形状。直线没有顶点。

01.764　正射像片　orthophotograph
具有正射投影性质的像片。

01.765　直方图　histogram
以每个像元为统计单元,表示图像中各亮度值或亮度值区间像元出现频率的分布图。

01.766　图层元素　coverage element
图层的组成部分。对涉及图层的每个属性都赋予单一的值。

01.767　中心点　center point
在航空像片上实际中心的点,相当于照相机的光学轴心的位置。

01.768　中心线　center line
沿着线状地物中心而数字化的线。

01.769　中央子午线　central meridian
高斯投影带中央的大地子午线。

01.770　终点　end point
一条弧段或多边形的终止点。

01.771　终结点　terminating node
弧线的端点。

01.772　主比例尺　principal scale
像距与物距之比。在航空摄影是指摄像机主距与相对航高之比。

01.773　主动[式]传感器　active sensor
本身发射信号后再接收从目标物反射回来的电磁波信号的传感器。

01.774　主动定位系统　active location system, active positioning system
装有主动传感器的卫星定位系统。

01.775　主动跟踪系统　active tracking system
美国为低轨道太空飞行器提供跟踪、指令、遥测服务以及数据中继的卫星系统。

01.776　主动数据库　active database
内置主动规则的数据库。与传统数据库最大的区别在于具有规则处理能力,从而为完整性约束、视图、授权、统计汇集、基于知识的系统、专家系统、工作流管理等提供了通用和有效的机制。

01.777 属性 attribute
描述地理要素的特点、性质或特征。在关系数据模型中描述某个实体的一种事实,相当于关系表中的一个栏。

01.778 属性标记 attribute tag
将属性赋给空间信息系统中的点、线、多边形等对象。

01.779 属性表 attribute table
包含列和栏的表格文档。通常与一类地理要素有关,每一列代表一种地理要素,每一栏则代表要素的一种属性,在同一栏中的每一列代表相同属性。

01.780 属性类别 attribute class
又称"属性类型"。一组特定的属性。如描述测量、服务能力、结构或组成等属性。

01.781 属性数据 attribute data
地理要素具有描述性属性,与空间数据相对应的描述性数据。

01.782 属性准确度 attribute accuracy
又称"属性精度"。所获取的属性值(编码值)与其真实值的符合程度。

01.783 地图语言 cartographic language
由图形符号、色彩与文字构成的表示空间信息的图形视觉语言。包括地图句法、语义和语用三要素。

01.784 注释正射像片 annotated orthophoto
加上文字符号说明(即注释)的正射像片。

01.785 专家系统 expert system, ES
根据人们在某一领域内的知识、经验和技术而建立的解决问题和做决策的计算机软件系统,能对复杂问题给出专家水平的结果。

01.786 专题[地]图 thematic map
着重表示自然和社会经济现象中的某一种或几种要素,集中表现某种主题内容的地图。

01.787 专题属性 thematic attribute
在地理数据库中由用户定义的实体的某一个方面特征。用户可以通过数据库名称、要素类型、要素属性以及要素分类表等多种方法来定义一个专题的属性。

01.788 准确度 accuracy
在一定测量条件下,观测值及其函数的估值与其真值的偏离程度。

01.789 桌面地理信息系统 desktop GIS
与平台型地理信息系统对应,一般指具有地理信息系统的基本功能,运行于个人计算机上,侧重可视化、统计查询的软件。

01.790 桌面信息与显示系统 desktop information and display system
在屏幕上的一个工作区域内,利用图形控件来显示程序运行相关信息及其关系的系统。

01.791 姿态 attitude
遥感器或遥感平台对某一参考系所处的角方位。

01.792 字段 field
数据记录中的一个特定的区域,在该区域中只能存放某一特定类型的数据。

01.793 字符 character
用以控制数据或表达数据的大小写英文字母、数字、标点符号及其机读代码的总称。

01.794 字符串 string
由一连串字符组成的一种数据结构。

01.795 字节 byte
由8个二进制位组成的一个序列,在数据存取时可作为一个整体来处理。

01.796 自动制图–设施管理系统 automated mapping/facility management system, AM/FM
以地理信息为背景,具有自动制图功能的设施管理系统。

01.797 自相关 autocorrelation

空间场中的数值聚集程度的一种量度,描述了某一位置上的属性值与相邻位置上的属性值之间的关系。

01.798 最短路径 shortest route

网络中从起点到终点的累计消耗最小的线路。

01.799 最小制图单元 minimum mapping unit

给定比例尺下,用于表达地理要素的最小单元。

01.800 最终用户 end user

使用厂家提供的产品,解决信息处理中的实际问题的人或团体。

01.801 坐标 coordinate

在指定参照系下确定地点的一组数字。如平面坐标下的 (x,y) 或三维坐标系下的 (x,y,z) 坐标代表了地球表面上点与其他地点的相对位置。

01.802 坐标几何 coordinate geometry, COGO

一系列编码和操作过程,把测量数据的方位、距离和角度转换为坐标数据。

01.803 坐标系 coordinate system

由一系列点、线、面和规则组成的,用来确定目标的空间位置所采用的参考系。

02. 技 术 与 应 用

02.001 [德国]官方地形制图信息系统 Authoritative Topographic Cartographic Information System, ATKIS

德国政府认可的空间信息系统,包括数字景观模型和数字制图模型。1:5000 比例尺地图为基本图。

02.002 [雷达影像]叠掩 layover

由于雷达发射脉冲曲率的关系,使高大垂直目标的顶部比其底部提前反射能量,从而在雷达图像上的顶部向近距离方向移动。取决于到目标顶部和底部的斜距差,并与俯角和目标表面斜率有关。入射角为负时,出现顶底位移,而近处陡坡出现顶部位移。

02.003 [美国]矢量产品格式 vector product format, VPF

一种数字地理矢量数据的基本格式,由美国国防制图局为其矢量数据集交换所建立的格式。

02.004 地理数据文件格式 Geographic Data File, GDF

又称"GDF 格式"。欧洲导航地理数据采集和存储的标准格式名称。

02.005 地理标志图像文件格式 GeoTIFF

又称"GeoTIFF 格式"。在 TIFF 图像格式的基础上增加了投影类型、坐标系统、椭球参数等地理空间参考信息的公开图像数据格式。

02.006 图形交换格式 Graphic Interchange Format, GIF

又称"GIF 格式"。一种无损压缩的 8 位图像文件。大多用于网络传输上,速度要比传输其他格式的图像文件快,但不能用于存储真彩的图像文件。

02.007 全球轨道导航卫星系统 Global Orbiting Navigation Satellite System, GLONASS

由俄罗斯研制的全球导航卫星系统。

02.008 全球制图 global mapping

由国际组织统一规范,按百万分之一分幅,由各国参与编制,反映全球基础地理信息的电子地图。

02.009 Java 数据库连接 Java DataBase Connectivity, JDBC
一种用来连接 Java 和相关数据库的 Java 标准。

02.010 联合图像专家组格式 Joint Photographic Experts Group Format, JPEG
又称"JPEG 格式"。一种常见的压缩图像数据格式,其压缩率是可调的,以使图像压缩率与图像质量取得平衡,按图像质量可分为1 到 10 级。

02.011 标志图像文件格式 tagged image file format, TIFF
又称"TIFF 格式"。一种用于应用程序与计算机平台交换的比较灵活的位图格式文件,可达到4G 字节以上。

02.012 案例库 case base
又称"范例库"。采用数据库管理技术管理的案例数据集。

02.013 版本管理 version management
根据书籍编辑、印制、软件或数据修改等方面的内容不同而进行的系统性管理。

02.014 饱和度 saturation
物体颜色的包含量或纯净程度。

02.015 北斗卫星定位系统 Beidou satellite positioning system
中国研制的区域卫星导航定位系统,同时具备通信(短消息)功能。

02.016 背投 rear projection
在虚拟显示系统中,观察者与投影设备处于屏幕异侧的投影方式。一般屏幕是半透明的。

02.017 被动[式]传感器 passive sensor
本身不发射信号而直接接收目标物辐射和反射的太阳散射的传感器。

02.018 边界连接 edge join
确保相邻图幅或其他储存单位间,边缘位置数据及属性数据相符的过程。

02.019 边缘检测 edge detection
一种使用数字方法突出图像灰度剧烈变化来获取边缘的技术。

02.020 边缘检测滤波器 edge detection filter
一种用于对数字图像进行数学运算、改变像素值,达到边缘检测目的的矩阵。

02.021 边缘拟合法 edge fitting method
将实际图像与理想的或已知的边缘模型拟合来提取图像边缘特征的算法。

02.022 边缘匹配 border matching
利用一定的算法对矢量要素的边缘进行识别、处理和融合的过程。

02.023 边缘增强 edge enhancement
通过一定的图像处理方法提高图像的对比度,突出图像线性特征的技术方法。

02.024 编辑 edit
新增、删除及修改数据的过程。一般是使用编辑器来编辑。

02.025 编辑器 editor
编辑、修改和产生文件时所使用的实用程序。

02.026 编辑校核 edit verification
操作人员通过插入字符、删除字符和修改内容等操作,改变文本文件的内容和输出格式,对数据正确性进行确认的过程。

02.027 编码 coding, encoding
将信息分类的结果用一种易于被计算机或

人识别的符号体系表示的过程。

02.028 编码处理 encoding process
将数据、信号编成或写成密码、代码或基于特定格式的电码等的过程。

02.029 编码模式 encoding schema
数据编码所采用的方法。

02.030 编码模型 encoding model
将地理对象的属性信息、空间位置信息和空间关系结合起来进行编码所构成的结构模式。

02.031 编码数据串 encoded data string
经编码后所得到的一串数字字符。

02.032 编译 compilation
分析与综合程序的功能。

02.033 编译器 compiler
在程序运行前,将高级语言编写的程序转换成低指令的计算机软件。

02.034 变化检测 change detection
一种图像增强技术,主要是通过比对同一区域内不同时相的两幅影像,发生变化的区域得以保留,其余区域被除去。

02.035 遍历法 traversal method
系统地访问树结构中的每一结点,使每个结点恰好被访问一次的数据操作方法。

02.036 并行处理 parallel processing
在一个计算机内同时使用两个或多个处理器完成处理任务的技术。

02.037 并行通信 parallel communication
数据在多条并行传输线上各位同时传送的技术。信号传输率高,所用信号线数量较多。

02.038 布尔表达式 Boolean expression
与一个逻辑值相关联,取值只有"真""假"两种之一的表达式,由关系运算符、逻辑运算符和布尔变量以及圆括号等组成。

02.039 布尔运算符 Boolean operators
一种逻辑运算符,主要包括"与""或""非""异或",其取值与运算结果只有"真""假"两种之一。

02.040 采集 capture
又称"获取"。从数据源收集、输入、编辑、识别数据的过程。

02.041 采样 sampling
把时间域或空间域的连续量转化成离散量的过程。

02.042 采样模式 sampling schema
又称"抽样模式"。采样时所采用的方法,如是在时域还是在频率域采样。

02.043 彩色合成 color composite
将多谱段黑白图像采用红、绿、蓝三色合成,变为彩色图像的处理技术。

02.044 彩色监视器 RGB monitor, color monitor
一种使用三原光以各种不同的混合度来产生所有颜色的计算机监视器。

02.045 选单按钮 menu button
俗称"菜单按钮"。选单上的一个选择项,可以用键盘或鼠标操作。

02.046 选单盒 menu box
俗称"菜单盒"。包含一系列选单选项的容器。

02.047 选单控制程序 menu controlled program
俗称"菜单控制程序"。用来支持操作者从选单中选择命令项来执行特定处理的程序。

02.048 选单条 menu bar
俗称"菜单条"。一种显示在应用程序屏幕视窗中的长方形栏目,通常位于视窗顶部,各种可用选单名显示在选单栏中,用户可从中选择。

02.049 参数估计 parameter estimation
利用样本信息对分布类型已知的总体中的未知参数做出估计。一般分为点估计和区间估计两种方式。

02.050 草绘 drafting
又称"草拟"。用各种方式初步将地物绘制到不同介质的过程。

02.051 测量与特征情报 measurement and signature intelligence
包含对来源于数据(公制的、角度、空间、波长、时间相关、调制、等离子和磁性)的定性和定量分析而获取的科技情报。此类情报来源于特定的技术传感器,目的是为了识别目标、来源、辐射源或发射器的相关特性。

02.052 测图 mapping
利用野外测量、航空摄影测量、遥感、激光扫描等数据获取手段,为获取地图而进行的测制过程。

02.053 层次计算机网络 hierarchical computer network
一种计算机网络,其控制功能按层次方式组织,并可分布到各数据处理结点中。

02.054 彩色增强 color enhancement
将单波段或多波段的黑白图像转变为彩色图像的处理技术。提高图像的分辨率。

02.055 层次细节模型 level of detail, LOD
通过建立原始精细模型的多个近似简化模型,表示原始模型不同程度的细节。

02.056 插入 insert
向数据库中加入新的记录的操作。

02.057 查询 query, search
又称"检索"。从数据库中选取符合某种条件的要素或记录的操作。

02.058 长事务 long transaction
在数据库管理系统中占用整个逻辑日志空间在一定比例以上的事务。

02.059 成本-效益分析 cost-benefit analysis
对系统进行的投入和产出分析,包括计算该系统的耗费成本及其在使用中所获得的效益,并加以分析比较。

02.060 成像光谱仪 imaging spectrometer
利用二维面阵可见光或红外探测器,同时获得目标影像和该影像上各像元的多光谱成分的高光谱分辨率遥感器。

02.061 成像雷达 imaging radar
能发射一定波段的微波,并接收其后向反射能量而产生目标图像的雷达系统。

02.062 成像系统 imaging system
具有接收目标物的辐射或反射能量而产生目标图像的系统。

02.063 抽象 abstraction
通常指简化观察真实世界物体的一种方式。

02.064 抽象测试方法 abstract test method
用于测试实现的方法,与特定测试过程无关。

02.065 处理 processing
在进程中对数据进行的操作。

02.066 传输控制/网际协议 Transmission Control Protocol/Internet Protocol, TCP/IP
又称"TCP/IP 协议"。一种用于异构网络的通信协议,该协议有底层和上层之分,底层协议规定了计算机硬件的接口规范,上层协议规定了软件程序必须共同遵守的一些规则,以及程序员在写程序时使用的统一标准。

02.067 串行通信 serial communication
又称"序列式通信"。在计算机间或在计算

机和外围设备之间,通过一条单独的通道进行信息交换,并且每次只交换一位。串行通信可以是同步或异步的。发送者和接收者必须使用同样的波特率、校验位和控制信息。

02.068　存档　archiving
将数据存储在永久性的存储介质上的操作。

02.069　存取方法　access method
计算机对存储内容的访问方式。

02.070　存取技术　access technology
从存储器读取或向存储器写入数据的操作。

02.071　存取控制　access control
按用户身份及其所归属的某预定义组来限制用户对某些信息项的访问或限制对某些控制功能的使用。

02.072　存取[权限]分组　access group
将浏览、进入或修改文件、文件夹或系统的权力进行分组。

02.073　存取时间　access time
传送操作命令及取得存储数据所花费的时间。包括反应时间以及传输时间,其中反应时间是指磁头对数据进行定位并准备读取数据的时间。

02.074　大气吸收　atmospheric absorption
电磁波在大气中传播时,由于大气各组成分和气溶胶的吸收作用而减弱的现象。

02.075　单点定位　single point positioning
利用单台接收机测定观测点位置的卫星定位方式。

02.076　单元自动演化[算法]　cellular automata
又称"元胞自动机"。单指令流多数据流机系统的一种处理单元。构成一个大规模的网络结构,所有处理单元都是相同的,各处理单元同步地工作。

02.077　登录　login, logon
与一台计算机通过通信线路相连之后确认自己的过程。

02.078　等值线生成　contouring
产生等高线的过程。

02.079　低通滤波　lowpass filtering
在图像的频域中衰减高频分量而让低频分量通过的实现过程,可用于图像平滑。

02.080　[地表模型]内插区　zone of interpolation
有些采样数据不是均匀变化的,经专业处理后表达为在各个不同分区中同质或线性变化,导致区域之间值的变化在相邻边界处不连续,需要对这些数据进行区域内插,使得数据在边界处连续。

02.081　地籍调查　cadastral survey
又称"地籍测量"。对土地及有关附属物的权属、位置、数量和利用现状所进行的测量。

02.082　地籍管理　cadastral management
对地籍调查、土地登记、土地统计等资料数据进行编排、整理、估价的各项管理工作。

02.083　地籍制图　cadastral mapping
以地形图或大比例尺测图技术为基础,通过地籍调查或调绘、量算界址点坐标和地块面积并综合在一起以表示土地权属内容为主的地籍图成图的技术。

02.084　地理编码　geocoding, geographic coding
建立地理位置坐标与给定地址一致性的过程。也指在地图上找到并标明每条地址所对应的位置。

02.085　地理编码系统　geocoding system
对地理要素进行编码,将地面空间信息与地理编码加以描述的系统。是实现地理信息系统中地理数据之间合理连接的关键工具。

02.086　地理调查　geographic survey
进行地理研究的一种重要方法，调查内容可以分为地理环境的全面调查研究和专题调查研究两类。

02.087　地理分布　geo-distribution
现实世界中的实体在地理空间的分布情况。

02.088　地理空间　geographical space
地球表层现象的相关几何范围。

02.089　地理空间框架　geospatial framework
稳定一致的地理空间信息和保障服务，为生成综合任务空间提供相关参考框架保障。

02.090　地理空间情报　geospatial intelligence
对影像与地理空间信息进行开发利用与分析，以描述、评估和可视化地球上自然要素及与地理位置相关的活动。由图像、图像情报和地理空间信息组成。

02.091　地理空间信息基础设施　geospatial information infrastructure
在地理空间框架范围内，生成、维护和利用地理空间信息与服务所必需的人员、条令、政策、体系结构、标准和技术。

02.092　地理数据库管理　geographic database management，GDBM
对地理数据库的操作、使用和维护等。

02.093　地理统计　geostatistics
又称"地学统计"。对地球上的陆地、大气、海洋等信息的大量收集与分析。

02.094　地理信息分析　geographic information analysis
对表征地理环境固有要素的数量、质量、性质、关系、分布特征和规律的数字、文字、图像、图形信息的分析。

02.095　地球同步卫星　geo-synchronous satellite
又称"对地静止卫星（geostationary satellite）"。绕地球运行的周期与地球自转周期相同的人造卫星。

02.096　地球卫星专题遥感　earth satellite thematic sensing
利用地球卫星对不同目标对象领域进行的遥感技术。如农业遥感、林业遥感、地质遥感、测绘遥感、气象遥感、海洋遥感和水文遥感等。

02.097　地球资源观测系统　earth resources observation system，EROS
一种适用于地球资源调查的地球观测系统。

02.098　地球资源技术卫星　Earth Resources Technology Satellite
又称"陆地卫星"。美国的一种利用星载遥感器获取地球表面图像数据进行地球资源调查的卫星系统。

02.099　地球资源信息系统　earth resources information system，ERIS
用于采集、处理、检索、分析和表达地球资源数据的计算机信息系统。

02.100　地区编码　district coding
按照区域所进行的编码，是地理信息系统中用于空间信息分析的一种编码方法。

02.101　地图编辑软件　cartographic editing software
用计算机语言及指令对地图制图过程所编写的各种计算机程序的总称。

02.102　地图变形　map distortion
由于传统地图介质受温度、湿度等环境因素的影响，或数字地图显示设备的参数设置不当而引起的地图尺寸与标称比例尺不符的现象。

02.103　地图查询　map query
对地理信息系统中数据的空间属性或逻辑

属性进行查询的操作。

02.104　地图叠置　map overlay
将不同层的地图要素相重叠,使得一些要素或属性相叠加,从而获取新信息的方法。

02.105　地图叠置分析　map overlay analysis
在同一地理区域,将两层或多层地图要素进行叠加产生一个新要素层,将原来要素分割生成新的要素,新要素综合了原来两层或多层要素所具有的属性,产生了新的空间关系和属性关系。包括合成叠置分析和统计叠置分析。

02.106　地图分析　cartographic analysis
对地图所表现的各种内容采用目视、图解、量算、数理统计或模型化等方法进行分析,从而揭示制图现象的质量数量特征、分布规律与区域差异及联系的过程。

02.107　地图接边　map adjustment
为保证相邻图幅结合处内容的吻合,对某些位于图边的要素的综合,及几何位置所做的迁就性调整。

02.108　地图匹配　map matching
在不同条件下获取的同一物景的地图之间的配准。

02.109　地图设计　map design, cartographic design
通过研究实验制定新编地图的内容、表现形式及其生产工艺程序的工作。

02.110　地图数据检索　map data retrieval
从地图数据库里提取所需地图信息的过程。

02.111　地图信息传输　cartographic communication
将地图作者、地图、地图读者视为一个整体来研究地图信息的传递过程的理论和方法。地图信息是地图上表示的可以被读者认识、理解并获得新知识的客体、现象,即时空关

系的内容与数据。

02.112　地图注记　lettering annotation, map lettering
地图上文字和数字的通称。由字体、字大(字级)、字隔、位置、排列方向及色彩等因素构成。

02.113　地图综合　map generalization
对地图内容按照一定的规律和法则进行选取和概括,用以反映制图对象的基本特征和典型特点及其内在联系的过程。

02.114　地形分析　terrain analysis, topographic analysis
基于数字高程模型的各种分析和计算,主要包括坡度、坡向、高程、距离、面积、体积等的计算,以及通视、可视域、剖面等的分析。

02.115　地形浮雕　terrain emboss
一种在图上用浮雕手段描述地形起伏效果的模型制作技术。

02.116　地形改正　terrain correction
重力值归算时,顾及重力点周围地形起伏的质量所加的改正。

02.117　地学信息处理　geoprocessing
对地学信息进行收集、存储、加工、集成、再生成等数据处理。

02.118　地址编码　address coding
为特定的地理要素或位置指定唯一的标识码的过程。

02.119　地址匹配　address matching
使用地址作为关联字段来关联两个文件的一种机制。

02.120　地质遥感　geological remote sensing
以地质作为探测目标的遥感技术。包括地质遥感调查、地质资源遥感调查和灾害地质(地质环境)遥感调查等。

02.121　电荷耦合器件　charge coupled device，CCD

用一种高感光度的半导体材料制成的感光器件。能把光信号转变成电荷，然后通过模数转换器芯片将电信号转换成数字信号。

02.122　电子成像系统　electronic imaging system

利用电子信号对目标进行成像的系统。

02.123　电子出版系统　electronic publishing system

以电子或数字方法处理文字、图形、图像信息，用于出版的综合系统。

02.124　电子绘图板　electronic drawing tablet

在工程、设计和解释类的应用程序中用于输入图形位置信息的设备。

02.125　电子刻图机　electronic engraver

软包装凹版印刷制版的主要工具。

02.126　叠加　overlay

又称"叠置"。使预先生成并存储的图形、属性特征等被调用并叠合在一个基本图形的过程或方法。

02.127　定界　delimitation

又称"分隔"。利用系统软件或编程语言许可的一些特殊符号确定数据区域的界限。

02.128　定量的　quantitative

描述事物的动态和趋势，而且指出事物在发展的各个阶段上产生的有关量值。

02.129　定性的　qualitative

仅描述事物的动态和趋势，但是不指出事物在发展的各个阶段上产生的有关量值。

02.130　动态定位　kinematic positioning

确定动态测站位置的定位。

02.131　动态数据交换　dynamic data exchange，DDE

由微软公司开发的基于 WINDOWS 应用程序的 IAC 协议。允许一个应用程序从其他应用程序中发送或接受信息和数据。

02.132　对地观测数据管理系统　earth observation data management system，EODMS

对地球观测卫星及其数据进行归档、发布和信息进行管理的系统。

02.133　对地观测卫星　earth observation satellite

用于对地球进行遥感的各种人造地球卫星和航天器。包括气象卫星、陆地卫星、海洋卫星、专门用途的卫星、各种航天与空间实验站、航天飞机等。

02.134　双重独立地图编码　dual independent map encoding，DIME

美国人口普查局 1980 年为人口普查提出地理基本文件（DBF）及对偶独立地图编码（DIME），包含人口普查地理统计代码和多数的大都市地区线段的坐标。对偶独立地图编码文件提供多数大都市地区的地址范围、邮政编码、街道分段坐标、交叉点，以及有关人口普查局表格统计数据的地理统计代码的示意地图。

02.135　对象链接和嵌入　object linking and embedding，OLE

微软操作系统中用于工具与应用开发的对象技术规范，是组件式软件交互与协作的基础，可以方便地从不同的应用中创建包含多种信息来源的混合文档。

02.136　多边形叠加　polygon overlay

又称"多边形叠置"。将多边形数据放在统一的坐标系统中进行叠加显示和操作的过程。

02.137　多边形检索　polygon retrieval

用鼠标给定一个多边形，或者在图上选定一

个多边形对象,检索出位于该多边形内的某一类或某一层的空间地物。

02.138 多边形内点判断 point-in-polygon operation

判断点是否在多边形内,常用射线法和弧长法判定。

02.139 多谱段扫描仪 multi-spectral scanner, MSS

又称"多光谱扫描仪"。陆地卫星系列上采用对地面逐点扫描的方式获取景物多谱段图像的传感器系统。

02.140 法国地球观测卫星 Satellite Pour l'Observation de la Terre, SPOT

由法国空间研究中心(CNES)研制的一系列地球观测卫星系统。SPOT-1 号卫星于 1986 年 2 月 22 日发射成功。

02.141 反差增强 contrast enhancement

在黑白图像或单波段图像的基础上,对整幅或图像的某一部分的亮度范围进行扩展(对亮度值再量化),进而扩大图像的灰度范围、增加亮度差异的过程。

02.142 反电子欺骗技术 anti-spoofing, AS

美国国防部在全球定位系统中采用的对精码进行加密处理,防止对精码进行电子干扰和非特许用户对精码进行解码的限制性技术。

02.143 方位投影 azimuthal projection

以平面为承影面的投影。假想用一个平面与地球相切,将球面上的经纬网投影到平面上,能保持由投影中心到任意点的方位与实地一致的投影。

02.144 方向滤波器 directional filter

数字影像处理中用于识别具有某一特定方向的线性特征的滤波器。

02.145 仿射变换 affined transformation

保持纠正前后的图形中直线平行性不变的图形变换。

02.146 访问 access

又称"存取"。对磁盘或数据库表中的文件进行读、写、删除、更新等操作。

02.147 放大 zoom in

显示在屏幕上的图形变大的现象。

02.148 分布式处理 distributed processing

将处理任务分解为子任务,分配给多个处理结点,最后将处理结果综合的处理方法。

02.149 分布式处理网络 distributed processing network

由若干台可同时对多个子程序进行处理的处理器组成的网络。

02.150 分布式计算环境 distributed computing environment

为分布式计算提供支持的服务与工具。

02.151 分布式数据处理 distributed data processing

某些或全部处理、存储和控制功能以及输入输出功能,都分散在各数据处理站之间进行的一种数据处理方法。

02.152 分布式数据管理 distributed data management, DDM

对数据的不同部分分开进行管理的方法。

02.153 分层设色 altitude tinting

将地貌按高度划分为若干高程带,逐带设置不同且渐变的颜色,表示地面起伏形态的方法。

02.154 遥感专题图 thematic atlas of remote sensing

遥感图像通过判读形成的不同专业地图。如植被图、土壤图及地貌图。

02.155 分块 tiling

在计算机图形程序中,用设计的图案填充屏幕上相邻像素块的过程,填充时不允许色块相同和重叠,用于特定图案覆盖屏幕上定义的区域。

02.156 分块改正 block correction
在以信息块为单位进行信息传输时,用来核对信息块是否按给定规则构成的一种方式。

02.157 分块记录 blocked record
为了提高计算机的数据处理效率,减少读、写的次数,提高存储介质的利用效率而采取的一种记录方式。

02.158 分片 slicing
多维数据集合上的一种操作,切片的操作结果是 $n-1$ 维的数据集。

02.159 分区统计图表法 chorisogram method
以一定区划为单位,用统计图表表示各区划单位内地图要素的数量及其结构的方法。

02.160 封装 encapsulation
为实现各式各样的数据传送,将被传送的数据结构映射进另一种数据结构的处理方式。

02.161 符号化 symbolization
利用符号表示地图元素特征或等级等信息的过程。

02.162 复合索引 composite index
建立在多个列上的索引。在一个表上可以建立多个索引,以提供多种存取路径。每个索引可以建立在一个列上,也可以建立在多个列上。

02.163 伽利略导航卫星系统 Galileo navigation satellite system
由欧盟研制的全球导航卫星系统。

02.164 先进甚高分辨率辐射仪 advanced very high resolution radiometer, AVHRR

诺阿卫星(NOAA)上使用的一种先进的高分辨率辐射仪,其 1 型为 4 个谱段,2 型为 5 个谱段。

02.165 概念性数据模型 conceptual data model
关于实体及实体间联系的抽象概念集,目标是确定需要处理的空间对象或实体,明确空间对象或实体之间的相互关系,从而决定数据库的存储内容。

02.166 高级地理空间情报 advanced geospatial intelligence
采用先进的处理技术,通过判读和分析,从图像或图像搜集系统中提取的地理空间情报信息。

02.167 高密磁盘 high density diskette
比双密度磁盘具有更高容量的软硬盘。

02.168 高密度数字磁带 high density digital tape, HDDT
具有很高容量存储数字信息的磁带。

02.169 高频增强滤波 high frequency emphasis filtering
在图像的频域中衰减低频分量而让高频分量通过的实现过程。

02.170 高斯投影方向改正 arc-to-chord correction in Gauss projection
地球椭球面上两点间的大地线方向化算到高斯平面上相应两点间的直线方向所加的改正。

02.171 高斯投影距离改正 distance correction in Gauss projection
地球椭球面上两点间的大地线长度化算为高斯平面上相应两点间的直线距离时所加的改正。

02.172 高斯-克吕格投影 Gauss-Krüger projection

一种等角横切椭圆柱投影。由德国数学家、天文学家高斯(G. F. Gauss)拟定,德国大地测量学家克吕格(J. Krüger)补充而成。假想用一个椭圆柱横切于椭圆球面上投影带的中央子午线,将中央子午线两侧一定径差范围内的经纬线交点按等角条件投影到椭圆柱上,并将此圆柱面展为平面,即得本投影。

02.173 高斯平面坐标 Gauss plane coordinate
又称"高斯-克吕格坐标(Gauss-Krüger coordinate)"。利用高斯-克吕格投影,以中央子午线为纵轴、赤道投影为横轴所构成的平面直角坐标系。

02.174 高斯坐标 Gaussian coordinatc
高斯平面坐标系中的坐标分量。

02.175 高通滤波 highpass filtering
突出高频信息,抑制低频信息的数据处理方法。

02.176 高性能工作站 high-performance workstation
装配有 32 或 64 位处理器和大量记忆体,具有强大的图形处理能力的计算机。

02.177 格式化 formatting
对数据介质进行初始化,使之可以存储和读取数据。

02.178 格式转换 format conversion
将一种记录格式转换成另一种记录格式的过程。

02.179 格网-多边形数据格式转换 grid to polygon conversion
根据多边形的拓扑关系将格网转变为多边形的过程。

02.180 格网-弧段数据格式转换 grid to arc conversion
根据弧的拓扑关系将格网转变为弧的过程。

02.181 跟踪 track
判断网络中相连部分的过程。

02.182 更新 update
新增或修改已存在的发生改变的信息的过程,通常是用于数据库管理系统中。

02.183 工作站 workstation
用户可在其上执行应用程序的一种终端或微型计算机。一般连接在主机或网络上。

02.184 公用对象请求代理体系结构 common object request broker architecture, CORBA
一个分布式环境下跨平台、跨网络的对象管理规范。提供了 种将软件规格说明从软件实现中分离出来的机制。

02.185 共享 share
不同的系统与用户使用非己有数据并进行各种操作运算与分析。

02.186 光学图像处理 optical image processing
用光学方法进行的图像处理。

02.187 光标 cursor
屏幕上的特定指示器,如闪烁的下划线或矩形,标记了键入字符将会出现的位置或鼠标指示的位置。

02.188 光电 photoelectricity
与各类用于实现光和电两种状态之间进行转换的部件、设备和系统相关的技术。

02.189 广域网 wide area network, WAN
一种用来实现不同地区的局域网或城域网的互连,可提供不同地区、城市和国家之间的计算机通信的远程计算机网。

02.190 滚筒式绘图仪 drum plotter
一种将图像绘制到绘图纸或胶片上的绘图

仪。绘图纸缠绕在一个大的旋转滚筒上,绘图笔在滚筒的最高点上来回移动,绘图纸跟随滚筒旋转,绘图笔在横轴方向绘制。

02.191 滚筒式扫描仪 drum scanner
一种由旋转的滚筒和光扫描传感器构成的扫描仪。地图图纸在滚筒上旋转时,由光扫描并由传感器记录,将转换为数字格式的数据存储在文件中。

02.192 国防信息系统网络 defense information system network
一个集成型网络。该网络属于中心管理,用于为国防部的所有行动提供远程信息转换服务。能够提供点对点的声音、数据、图像和视频电话会议服务。

02.193 国家地理空间情报系统 national system for geospatial intelligence
生成地理空间情报涉及的技术、政策、能力、学说、活动、人员、数据和社团等的综合组织体。

02.194 国家空间信息基础设施 national spatial information infrastructure
大容量通信网络设备以及相关的技术系统等硬件与软件设施构成的地球空间数据框架、空间数据协调、管理与分发体系、空间数据交换网站和空间数据转换标准。

02.195 过伸 overshoot
又称"过界","越界"。在数字化过程中,两条相交的线(弧)中一条线超过与另一条线相交结点的部分,是一种位置拓扑错误。

02.196 合并等高线 carrying contour
在满足调和精度的前提下,对等高线图形进行化简。

02.197 横向扫描 across-track scanning
沿传感器移动线路左右方向的扫描操作,其扫描方向与传感器移动方向垂直。

02.198 横圆柱正形地图投影 inverse cylindrical orthomorphic map projection
以圆柱面为投影面,圆柱体轴与地轴垂直的一种投影。

02.199 横轴墨卡托投影 inverse Mercator map projection
圆柱横切于制图区域中央经线上的等角投影。

02.200 红外图像 infrared imagery
红外遥感器接收地物反射或自身发射的红外线而形成的图像。

02.201 宏编程 macro programming
利用宏语言进行的程序设计,其中的宏指令在使用前必须先定义,可以由单一指令来完成一项复杂的操作。

02.202 后向散射 backscatter
电磁辐射碰到目标物引起的散射中向来波方向传输部分能量的现象。侧视雷达图像中显示的就是目标后向散射的能量。

02.203 弧–结点结构 arc-node structure
表示矢量数据的一种数据结构。每个弧段都有一个起始端点和一个终止端点,从起始端点到终止端点表示了弧段的方向。

02.204 弧–结点拓扑关系 arc-node topology
一种拓扑数据结构,用来表示弧和结点之间的连接性,支持线状要素和多边形边界的定义,支持网络分析等功能。

02.205 互相关 cross-correlation
两个随机变量 x 和 y 之间相似性程度的一种度量,一般用两个信号之间的协方差 $\mathrm{cov}(x, y)$ 来表示。

02.206 环境分析 environmental analysis
运用现代科学理论和试验技术分离、识别、测定环境物质的组成种类、成分、含量及其形态的过程与方法。

02.207　环境规划　environmental planning
在一定时期内对于环境保护目标与措施所做出的规定。

02.208　环境评价　environmental assessment
按一定的评价标准和评价方法对一定区域范围内环境质量被影响的程度进行描述、评定和预测。包括环境影响评价和环境质量评价两个方面。

02.209　环境影响评价　environment impact assessment，EIA
对拟议中的人为活动可能造成的环境影响进行分析论证，并在此基础上提出采取的防治措施和对策。

02.210　环境影响研究　environment impact study，EIS
对人为活动造成的环境影响所进行的分析、试验与论证。

02.211　环境质量评价　environmental quality assessment
对环境的结构、状态、质量、功能等进行分析，对可能发生的变化进行预测，并对其与社会经济发展活动的协调性进行定性或定量的评估。

02.212　环境资源信息网　environmental resources information network，ERIN
支持对各种环境信息资源进行浏览检索、管理和发布的计算机网络系统。

02.213　缓冲区　buffer
在空间信息系统中，围绕图层中某个点、线或面周围一定距离范围的多边形，相应地形成点缓冲区、线缓冲区和面缓冲区。

02.214　霍夫曼编码　Huffman code
按照数据中各个元素（如字符）相对出现的概率对数据进行无损压缩编码的一种技术，

其平均码长可以接近信源熵值的高效编码。

02.215　霍夫曼变换　Huffman transformation
把参数空间细分为累加子单元，将直线上各点对应到另一参数空间，使得此直线在参数平面某一累加子单元形成高频率，借此累加子单元之参数反推回原直线。

02.216　机电传感器　electromechanical sensor
在遥感领域内，指用机械扫描实现天线扫描的辐射式传感器。

02.217　机器编码　machine encoding
在计算机中将数据转变为系列代码。

02.218　机助检索　computer assisted retrieval
利用计算机硬件和软件来索引和定位介质上记录的文档或者图像的技术。

02.219　基础数据　foundation data
基本地理要素的信息，其变化很少或者变化较慢。包括点坐标数据、地面目标、高程数据、大地测量信息和安全航行数据等。

02.220　基于位置服务　location-based service，LBS
简称"位置服务"。在移动环境下，利用地理信息系统技术、移动目标定位技术和网络通信技术，基于移动对象空间位置提供信息服务的技术体系。

02.221　集群计算机　cluster computer
一组相互独立的服务器在网络中表现为单一的系统，并以单一系统的模式加以管理。此单一系统为客户工作站提供高可靠性的服务。大多数模式下，集群中所有的计算机拥有一个共同的名称，集群内任一系统上运行的服务可被所有的网络客户所使用。

02.222　集群控制器　cluster control unit
能同时对多台设备实施管理的机器。

02.223　几何配准　geometric registration

对同一地区,在不同时相、不同波段、不同手段所获得的图形图像数据,经几何变换使其同名点在位置上完全叠合。

02.224　几何校正　geometric rectification
为消除遥感影像的几何畸变而进行的校正工作。

02.225　计划因子数据库　planning factor database
由各军种所创建和维护的数据库。该数据库用于确定各武装力量和系统的地理空间信息和服务需求。该数据库可明确:各作战部队在内容层面对地理空间数据和服务的需求;标准的国防地理空间数据和服务对系统的需求;系统研制所需的研发、测试和评估需求;新投入运行的系统的作战能力。

02.226　计算机地图制图　computer mapping
利用计算机的分析处理功能和绘图装置实现地图的设计与编制的一种地图生产方法。

02.227　计算机辅助工程　computer-aided engineering, CAE
一个包括了相关人员、技术、经营管理及信息流和物流的有机集成且优化运行的复杂系统。

02.228　计算机辅助评价　computer-assisted assessment
将计算机应用于评价过程。它引发了评价内容、方法和形式的深刻变革。

02.229　计算机辅助软件工程　computer-aided software engineering, CASE
应用计算机进行信息系统结构化分析、数据流程描述、数据实体关系表达、数据字典与系统原型生成。

02.230　计算机辅助设计　computer-aided design, CAD
利用计算机图形技术在计算机内进行部件和产品的设计。包括设计部件或结构的精

确图形,也包括对设计的系统和部件的图形实现人-机交互设计和布局。

02.231　计算机辅助制图　computer-aided mapping, CAM
又称"机助制图"。提供常规地图形式之图形输出的套装软件,这些套装软件通常没有分析或处理功能,其数据也没有拓扑关系。

02.232　计算机集成制造系统　computer integrated manufacture system, CIMS
用于制造业的综合自动化系统。它在计算机网络和分布式数据库的支持下,把产品的设计、制造和管理等方面的信息和功能集成起来,将信息技术、现代管理技术和制造技术相结合,并应用于企业产品全生命周期(从市场需求分析到最终报废处理)的各个阶段。

02.233　计算机兼容磁带　computer compatible tape, CCT
可在各种计算机上读写的数字磁带。

02.234　计算机图形核心系统　graphical kernal system, GKS
由联邦德国于1978年开发的一个程序员级图形接口,向程序员提供了一个描述、处理、存放和传送图形映像的标准语法,它在应用程序上起作用,与具体的设备无关。已被国际标准组织和美国国家标准学会选定为正式标准。

02.235　计算机图形技术　computer-graphics technology
借助计算机来创建、操纵、存储和显示对象及数据的图形表示的方法和技术。

02.236　计算机网络　computer network
由两个或两个以上的计算机按一定协议互连的复合体。

02.237　加密　densification
利用航空摄影像片上已知的少数控制点,通

过对像片测量和计算的方法在像对或整条航摄带上增加控制点的作业。

02.238　加拿大地理信息系统　Canada geographic information system，CGIS
加拿大土地调查局 1962 年提出、1972 年建立并全面投入运行与使用的世界上第一个地理信息系统。

02.239　假彩色合成影像　false color image
多波段黑白影像经配红、绿、蓝三色合成后，产生的与原来真实颜色不相一致的影像。

02.240　加注标记　tagging
在数字化地图要素空间位置的同时，通常需要为要素添加属性，以及相应的元数据的过程。

02.241　剪切　clip
根据给定条件，从一个图形集合中，选取只位于被选择边界内(外)的数据形成一个新数据子集的过程。

02.242　建模　modeling
建立概念关系、数学和(或)计算机模型的过程。

02.243　键盘输入　key entry
利用键盘将数据输入计算机的过程。

02.244　交互　interactive
具有直接和连续的反应的双向电子或通信系统的，或与之有关的。

02.245　交互模式　interactive mode
在用户与系统间以一连串"请求−确认"等方式进行对话的计算机系统操作模式。

02.246　交互式编辑　interactive editing
用户与系统间通过对话对所选对象进行新增、删除及改变资料的过程。

02.247　交互式处理　interactive processing
通过一些控制装置，对机器输入必要的数据

和命令，以对正在进行的程序或显示的图形进行操纵和控制的过程。

02.248　交互式制图　interactive graphics
制图者以会话方式操作或修改显示出来的图形的技术。

02.249　[图幅]接边　edge matching
在相邻图幅边界处的地理要素，由于分布在不同图幅中，为了保证跨图幅地理要素的坐标和属性在边界处一致的处理方法。是确保相邻图幅或其他存储单位间，边缘数据位置及属性数据相符的一种数据处理过程。

02.250　街区编号　block number
用于唯一标识街区的编号。

02.251　街区编号区　block numbering area
具有统一编号的街区。

02.252　结点吻合　node snap
移动某一结点，使得与另一个结点的坐标相符从而自动合并的现象。

02.253　解码　decoding
将信息从已经编码的形式恢复到编码前原状的过程。

02.254　解析空中三角测量　analytical aerotriangulation
又称"电算加密"。根据像片上量测的像点坐标和少量像片控制点，采用严密的数学公式，按最小二乘法原理，用计算机进行的空中三角测量。

02.255　解析测图仪　analytical plotter
由计算机解析计算，伺服反馈系统实时控制像片盘运动，建立像点坐标与模型点坐标的数字投影关系，据此进行立体量测和测图，其图形数据可以被记录、存储、处理或绘图输出的精密立体测图仪。

02.256　解压[缩]　decompression
展开一个压缩文件使其恢复或基本恢复到

压缩前的原始形式,即将压缩过的数据流恢复成正常的数据流的算法和过程。

02.257　精处理　precision processing

对一种用于精密测距的伪随机噪声码的处理。

02.258　静态定位　static positioning

确定静态测站位置的定位。

02.259　局域网　local area network, LAN

分布在相对有限地理区域内(几十米到25km),用传输线路连接起来,进行高速低错误率数据传输的计算机通信网。

02.260　聚类分区　cluster zoning

根据对象之间的相似程度将地物划分为若干不同类型的区域。

02.261　聚类分析　cluster analysis

对一组数据的群聚结构,根据其相似程度进行分类。

02.262　聚类压缩　cluster compression

对具有相同或者相近光谱特征的同一类物体使用聚类法进行划分缩减的过程。可用于数据压缩、多谱分类、判别、特征提取等。

02.263　开放数据库连接　Open Database Connectivity, ODBC

由微软公司开发的用来与数据库管理系统通信的一个标准的应用程序接口。

02.264　开放系统互联　open systems interconnection, OSI

按照国际标准化组织数据交换方面的标准和国际电报电话咨询委员会数据交换方面的协议,对开放系统的相互连接。

02.265　开放性地理数据互操作规范　open geodata interoperability specification, OGIS

由开放地理信息系统协会(OGC)制定的支持不同计算机环境下的地理信息系统互操作规范。

02.266　科学计算可视化　visualization in scientific computing

在科学研究中,将计算机数值模拟的数字处理结果转变成以图形形式表示的、随时间和空间变化的物理现象或物理量的过程。

02.267　可靠的地理空间信息　trusted geospatial information

已知质量、现势性、精度的地理空间信息。

02.268　可视化　visualization

将抽象的数据符号化表示的计算和处理方法,使用户能看见所模拟和计算的结果。

02.269　可视化分析　visual analysis

基于图形或者图像的形象、直观的分析方法。

02.270　可视性分析　visibility analysis

又称"通视性分析"。对两点间沿特定轨迹的可通达性分析。

02.271　可视域分析　viewshed analysis

对给定观察点可视覆盖区域的分析。

02.272　克里金法　Kriging method

一种对空间分布数据求最优、线性、无偏内插估计量的方法。基于一般最小二乘算法的随机插值技术,用方差图作为权重函数。较常规方法而言,其优点在于不仅考虑了各已知数据点的空间相关性,而且在给出待估计点的数值的同时,还能给出表示估计精度的方差。

02.273　客户-服务器　client/server, C/S

一种分布式计算机体系结构,利用中央处理机和服务器,采用智能终端,把数据和程序放在服务器上,工作业务专门化,每台计算机可专门设置一种功能,可把应用分为前、后台放在计算机上,在网络上只传递请求和应答,以减少网络通信量。

02.274 空间查询 spatial query

根据空间图形查询空间关系及其相应的属性或根据属性条件查找相应的空间图形的过程的总称。

02.275 空间建模 spatial modeling

对地理实体进行简单化和抽象化表示的过程。

02.276 空间滤波 spatial filtering

一种采用滤波处理的影像增强方法。其理论基础是空间卷积。目的是改善影像质量,包括去除高频噪声与干扰,及影像边缘增强、线性增强以及去模糊等。分为低通滤波(平滑化)、高通滤波(锐化)和带通滤波。处理方法有计算机处理(数字滤波)和光学信息处理两种。

02.277 空间数据库引擎 Spatial Database Engine, SDE

使空间数据可在工业标准的数据库管理系统中存储、管理和快速查询检索的客户/服务器软件。它将空间数据加入到扩展关系数据库管理系统中,并提供对空间、非空间数据进行有效地管理、高效率操作与查询的数据库接口。

02.278 空间数据挖掘 spatial data mining

将空间数据仓库中的原始数据转化为更为简洁的信息,发现隐含的、有潜在用途的空间或非空间模型和普遍特征的过程。

02.279 空间索引 spatial indexing

为便于空间目标的定位及各种空间数据操作,按要素或目标的位置和形状或空间对象之间的某种空间关系来组织和存储数据的结构。

02.280 快视 overview

对地面站接收到的遥感图像数据进行实时快速显示和评价的功能。

02.281 扩散分析功能 spread analysis func-tion

仿真特定现象在空间中扩散的功能,通常扩散的方向及速度,是由费用面来控制,为网格式地理信息系统的特殊分析功能。

02.282 雷达 radar

利用电磁波探测目标的电子设备。它能发射电磁波到目标并接收其回波,由此获得目标至电磁波发射点的距离、距离变化率(径向速度)、方位、高度等信息。

02.283 连接 concatenation

把数据集或数列连接起来的过程。

02.284 联邦式数据库 federated database

又称"邦联式数据库"。由半自治数据库系统构成,相互之间分享数据,联盟各数据源之间相互提供访问接口。

02.285 联合部队 joint force

泛指由两个或两个以上军种的重要建制或配属部队组成的,受一位联合部队指挥官统一指挥的部队。

02.286 联合部队司令 joint force com-mander

泛指经授权对一只联合部队实施作战指挥(指挥权限)或作战控制的作战司令部司令、下级联合司令部司令或联合特遣部队指挥官。

02.287 联合全球情报通信系统 Joint Worldwide Intelligence Communications System

国防信息系统网络中传送部门间隔离的敏感信息的通信系统。它采用先进的网络技术,可进行点对点或多点信息交换,可传输语音、文本、图表、数据和进行视频电话会议。

02.288 联合作战行动计划和执行系统 Joint Operation Planning and Execution System

由通信和计算机系统支撑,进行联合政策、程序和报告的系统。该系统为联合计划和执行委员会提供与联合作战相关的监控、计划,以及执行动员、部署、行动、后勤保障、调遣和遣散等活动。

02.289　联机帮助　on-line help
针对当前命令或任务的与上下文有关的帮助信息。

02.290　邻接分析　adjacency analysis
利用数据的相邻特性对数据进行分析的一种方法。

02.291　邻近分析　proximity analysis
决定点、线、面邻近区域的要素项之间关系的过程。

02.292　邻域分析　neighborhood analysis
地理信息系统中,基于距离或方向关系进行空间分析的一种方法。

02.293　浏览器　browser
一种客户端应用程序,允许用户查看位于万维网(WWW)、其他网络以及用户计算机上的超文本置标语言文档;允许用户沿着文档中的超链接进行浏览或传输文件。

02.294　浏览器-服务器　browser/server,
　　　　　　　　　　　　　　　B/S
一种软件系统体系结构,与C/S结构不同,客户端不需要安装专门的软件,只需要浏览器即可,浏览器通过网络服务器与数据库进行交互,便于在不同平台下工作;服务器端可采用高性能计算机,并安装Oracle、Sybase、Informix等大型数据库。

02.295　流式数字化　stream mode digitizing
一种地图数字化的方式,指坐标值采集过程中,坐标值是基于鼠标位置来记录的,而不是通过鼠标点击记录各结点的坐标值来实现的,只要在数字化底图上移动鼠标即可记录下坐标值。

02.296　滤波　filtering
根据一定的规则,改变或者抑制信号的某些频谱成分或数据的过程。主要是为了消除干扰或噪声,或者从信号中提取某种特殊信号,常用于图像信号的复原和增强处理。

02.297　路径分析　route analysis
推导网络中结点间的位置、关系的各类方法。通常用于研究和模拟网络的连通性、流速等问题,是地理信息系统的基本功能之一,其核心是最优路径的求解。

02.298　轮廓增强　edge crispening
通过光学或计算机设备提高图像边界、细节信息的目视效果的技术处理方法。

02.299　逻辑表达　logical expression
对逻辑用某种方式进行阐述的方法。

02.300　逻辑设计　logical design
地理信息系统数据库设计中的一个步骤,指设计数据库的逻辑结构,与具体的数据库管理系统无关,主要反映业务逻辑。包括所需的实体和关系、实体规范化等工作。

02.301　逻辑运算　logical operation
用数学等式来表示判断,把推理看作等式的变换,是答案为"真"或"假"的运算。

02.302　逻辑重叠　logical overlap
地图图幅与相邻图幅具有重复的部分。通常是指航摄影像的重叠部分。像片重叠是航空摄影测量过程中建立立体模型的必要条件。

02.303　裸地球高程数据　bare earth elevation data
剔除了植被和人文要素影响的高程数据。

02.304　漫游　pan
将视觉窗口进行向上、向下或向两侧移动,以显示位于视觉窗口外的地理数据集区域。

02.305　密度分割　density slicing, density

splitting

将图像密度或亮度值分成若干间隔或等级，每级赋予指定编码的处理方法。

02.306 密度分区 density zoning

按图像密度或亮度值分成若干区域的处理方法。

02.307 面缓冲区 area buffer

包围在面状特征物周围距特征物一定距离的地区。

02.308 面向对象 object-oriented, OO

利用软件所建立对象的属性与方法，来对应或模拟现实世界实体所拥有的特性与行为，并将这些属性与方法封装为相互可以通信的小单元，以提高软件的可扩展性与可维护性。

02.309 面向对象编程 object-oriented programming, OOP

以面向对象程序设计语言为工具的编程方法。

02.310 面向对象程序设计 object-oriented design, OOD

以对象和类为基础，将程序和数据封装其中，以提高软件的重用性、灵活性和扩展性的一种程序设计方法。

02.311 面状符号 area symbol

用来表示呈面状分布的地物或现象的符号。符号的范围同地图比例尺有关。

02.312 面状目标 area object

一个基本的空间单元，由其边界定义的封闭二维图形，其范围通常由一个外多边形或一系列邻接的网格单元定义。

02.313 命令 command

又称"指令"。给计算机程序的一个特定指示，由用户发出，计算机程序将执行相应的操作。

02.314 命令程序 command procedure

又称"指令程序"。包含一系列可以自动执行指令的文件。

02.315 模糊分类法 fuzzy classification method

应用模糊数学理论，对待分类图像进行非二值逻辑判断的图像分类方法。

02.316 模糊分析 fuzzy analysis

运用模糊数学理论，对研究对象进行分析和处理的过程。

02.317 模块化软件 modular software

由一组高内聚、低耦合的模块按某种方法组装成的，可以实现特定功能软件系统。

02.318 模拟 analog, simulation

应用模型和计算机开展地理过程数值和非数值分析。

02.319 模式识别 pattern recognition

借助计算机，就人类对外部世界某一特定环境中的客体、过程和现象的识别功能（包括视觉、听觉、触觉、判断等）进行自动模拟的科学技术。

02.320 模数转换 analog-to-digital conversion, A/D

把电位形式的模拟信号变成数字形式的数字信号的一种转换，这种转换是由模数转换器进行的。

02.321 模数转换装置 analog-to-digital device

将模拟信号转换到数字信号的功能单元。

02.322 模型库 model base

采用与数据库管理技术相似的方式来组织与管理原子模型的库。一般包括模型属性库管理、模型生成、模型运行等功能模块。

02.323 模型生成器 model generator

生成、编辑、集成分析模型的软件工具。

02.324 莫顿数 Morton number, Morton key, Morton index

IBM 公司的计算机科学家莫顿(G. M. Morton)1966 年提出的一种二维行列标识一维映射的方法,是一种索引棋盘式空间基元(tiles)的数值体系。

02.325 目标程序 object program

完全编译的或者准备装入计算机的汇编程序。

02.326 目视判读 visual interpretation

判读者通过直接观察或者借助判读仪器研究地物在遥感图像上反映的各种影像特征(如形状、大小、灰度、色彩、阴影、图形结构等),并通过地物间相互关系推理分析,达到识别所需地物信息的过程。

02.327 内插 interpolation

又称"插值法"。在已观测点的区域内估算未观测点的数据的过程。

02.328 排序 sort

将一个数据元素(或记录)的任意序列,重新排列成一个按关键字有序的序列。

02.329 批处理 batch processing

一种处理数据或完成任务的方法,其中的数据或要完成的任务预先组织在一起,一次性交给系统去处理,在处理的过程中,用户无法再进行干预。

02.330 批处理队列 batch queue

执行批处理操作的任务列表。

02.331 批处理模式 batch mode

一切操作由程序自动完成的计算机操作方式。

02.332 批量更新 bulk update

在计算机系统中通过一次操作实现多个数据的更新。

02.333 平移 pan

一种操作电子地图的方法。不改变目前计算机的显示比例尺,将显示窗口进行向上、向下或向两侧移动,以显示位于显示窗口外的地理数据集区域。

02.334 屏幕拷贝 screen copy

将屏幕上所呈现的内容,拷贝生成图像数据。

02.335 剖面 profile

沿着特定方向描绘地学实体的切面图。

02.336 情报门类 intelligence discipline

采用特定类别技术或人力来源而清晰界定的情报搜集、处理、加工和报告领域。

02.337 曲线拟合 curve fitting

通过某些已存在的点生成曲线的过程。

02.338 全球导航卫星系统 global navigation satellite system, GNSS

利用卫星在全球范围进行导航定位的系统。前苏联从 20 世纪 80 年代初开始建设,与美国全球卫星定位系统相类似的卫星定位系统。目前俄罗斯仍在部署并完善军民两用天基无线电全球导航定位卫星系统。

02.339 全球海洋观测系统 global ocean observation system, GOOS

一种用于大范围海洋监测的卫星观测系统,它可以实时、长期、连续获取海洋信息,如海面温度、风速和海冰,海浪参数和洋流,海岸带扫描信息等。

02.340 全球气候观测系统 global climatic observation system, GCOS

一种由 2 或 3 颗极轨气象卫星和 5 颗地球静止气象卫星共同构成的互相配合、互为补充的卫星观测系统。

02.341 全球数字地图 Digital Chart of the World, DCW

由美国国防制图局制作,以 1:100 万比例尺的航空影像为基础的矢量数据集。

02.342 全球指挥与控制系统 Global Command and Control System
一个可部署的指挥与控制系统。

02.343 全球综合观测系统 integrated global observation system, IGOS
装有多种传感器的能进行对地观测的卫星专用系统。

02.344 缺省 default
又称"默认"。在用户不加指定时,由系统选定的属性、值或选择项。

02.345 确认 verification
确定一个操作是否正确完成的行为或确定一个设想的条件是否实际上存在的操作。

02.346 人工编码 manual encoding
在人为干预下,用数字或字符代替具体对象的编码过程。

02.347 人工判读 manual interpretation
借助人脑对信息的分析与判决,区别于计算机判读。

02.348 人工神经网络 artificial neural network
应用类似于大脑神经突触连接的结构进行信息处理的一种数学模型。

02.349 人机交互 human computer interaction
通过计算机输入、输出设备,以有效的方式实现人与计算机对话的技术。

02.350 日期标记 date stamp
标示在产品上的显示日期。

02.351 三维点云 3D point cloud
按照规则格网排列的三维坐标点的数据集。

02.352 扫描 scanning
使用扫描仪将影像、地图或文档逐行采样并

转换成数字形式的过程。

02.353 扫描仪 scanner
利用光电技术和数字处理技术,以扫描方式将图形或图像信息转换为数字信号的装置。

02.354 删除 delete
一种对数据、文件或文档的操作方法,指清除数据、文件或文档的任意部分。

02.355 熵编码 entropy coding
编码过程中按熵原理不丢失任何信息的编码。

02.356 上传 upload
又称"上载"。从辅助计算机或设备将数据或程序传递到中央的(通常为远程的)计算机的方法。

02.357 上行数据流 upstream
从最终用户或外接设备朝向处理机方向。

02.358 设施 facility
所有可用于数据处理和数据通信的设备、场地、线路、电路和软件等。

02.359 设施数据管理 facility data management
对描述设施空间及属性信息的数据的管理活动。

02.360 深度图像 depth image
存储三维深度特征信息的图像。

02.361 神经网络算法 neural network algorithm
对人脑组织结构和运行机制的认识理解基础之上模拟其结构和智能行为的一种方法。

02.362 升级 upgrade
对计算机系统而言,增加新的硬件和(或)软件设施,以改善其性能或扩展其能力。

02.363 时距导航系统 navigation system timing and ranging, NAVSTAR

能够为地球表面和近地空间任何一处的一个或多个用户，提供连续的、全天候的三维定位服务和时间基准服务的导航定位系统。

02.364 时空查询 spatio-temporal query
对时空数据进行查询的过程。

02.365 时态地理信息系统 temporal GIS
能够跟踪和分析随时间变化的空间、非空间信息的地理信息系统。

02.366 时态关系 temporal relationship
事件或状态在时间上的同时性或顺序性关系。

02.367 实时 real time
计算机的数据处理满足外界过程对其时间要求。

02.368 实时定位 real time positioning
跟踪卫星实时确定接收机位置的卫星定位。

02.369 实体关系 entity relationship, E-R
现实世界中事物内部或事物之间语义关系的抽象表示，体现一个实体集中的实体与另一个实体集中的实体之间的内在联系。

02.370 实体关系方法 entity relationship approach
通过实体关系来进行数据库分析和设计的方法。

02.371 实体关系建模 entity relationship modeling
一种自顶向下建立实体关系模型的数据建模方法。先区分所有重要的实体，然后找出它们之间的关系。

02.372 矢量-栅格转换 vector-to-raster conversion
通过一定算法完成由点、线、面组成的矢量数据转换到有特定值的一系列栅格数据的过程。

02.373 事务时间 transaction time
对一个数据库对象进行操作的时间，是一个事实存储在数据库中的时间。

02.374 视频获取 video capture
从连接的摄像机或录像机中捕获特定的帧，并形成数字图像的过程。

02.375 视频图形阵列[适配器] video graphic array, VGA
IBM 公司在 1987 年随 PS/2 机一起推出的一种视频传输标准，具有分辨率高、显示速率快、颜色丰富等优点，在彩色显示器领域得到了广泛的应用。

02.376 输出 export
从信息处理系统或部分系统中传出数据。

02.377 输入 input
在数据处理系统中，将系统外部的原始数据或资料借助专门设备和系统传输给系统内部，并将这些数据从外部格式转为系统便于处理的内部格式的过程。

02.378 输入设备 input device
向计算机输入数据和命令的各种设备。如键盘、鼠标、纸带输入机、软键盘、磁卡机等。

02.379 输入输出 input/output, I/O
从外部设备到计算机或从计算机到外部设备传送信息的过程。目的是为计算机或者程序的运行获取数据以及将处理结果显示给用户或传递给外设。

02.380 输入数据 input data
录入到信息处理系统或部分系统中用于存储和处理的数据。

02.381 数模转换 digital-to-analog conversion, D/A
数字信号与模拟信号之间的转换。

02.382 数模转换器 digital-to-analog converter, DAC

用于将数字信号转换为模拟信号的芯片。

02.383 数模转换装置 digital-to-analog device

用于数字信号转换为模拟信号的转换设备。

02.384 数据编辑 data editing

将输入系统的数据进行校验、检查、修改,重新编排、处理、组织的过程。

02.385 数据编码 data encoding

根据数据结构特点和使用目标需求,将数据转换为代码的过程。

02.386 数据标准化 data standardization

研究、制定和推广应用统一的数据分类分级、记录格式及转换、编码等技术标准的过程。

02.387 数据表达 data presentation

数据组织、存储、运算、分析的方式,以此为基础构建不同的数据表达模型。

02.388 数据采集 data capture, data acquisition, data collection

通过仪器设备采集地理信息的过程。

02.389 数据采集平台 data collection platform, DCP

用来获取所需数据的软、硬件设备。

02.390 数据采集设备 digital capture device, data acquisition equipment, DAE

用来获取所需数据的硬件设备。

02.391 数据操作 data manipulation

对数据进行修改、增删及各种运算的操作。

02.392 数据处理 data processing

利用相应的技术和设备对各种数据进行存储、加工、检索、统计和维护等操作的过程。

02.393 数据传出 data roll out

由计算机将数据转移至辅助存储介质或其他设备的过程。如屏幕、打印机、绘图仪等。

02.394 数据传输 data transmission

依照适当的规程,经过一条或多条链路,在数据源和数据宿主之间传送数据的过程。

02.395 数据存档及分发系统 data archive and distribution system, DADS

提供数据存储、查询、分发及其他相关服务的软、硬件系统。

02.396 数据存取装置 data access arrangement, DAA

连接计算机因特网和客户端数据传收设备之间的电子接口。

02.397 数据存储 data storage

将数据保存在数据库管理系统中或者数据文件中的操作。

02.398 数据存储介质 data storage medium

用于存储、备份数据的设备。

02.399 数据叠加 data overlaying

又称"数据叠置"。将数据放在统一的坐标系统中进行叠加显示和操作的过程。

02.400 数据讹误 data corruption

违背数据一致性的情况。

02.401 数据发布 data dissemination

对数据访问用户的数量、操作和使用以及安全方面的管理。

02.402 数据访问控制 data access control

又称"数据存取控制"。对数据在主存储器与输入输出装置之间传送过程的控制。

02.403 数据分层 data layering

按照数据存储要求和数据使用要求,把具有一定逻辑联系的一组地理特征按其属性分成不同的组,使之成为一个图层的分层原则和分层结果。

02.404 数据分割 data fragmentation

把逻辑上是统一整体的数据分割成较小的、

可以独立管理的物理单元进行存储的方法。以便于重构、重组和恢复,还可以提高创建索引和顺序扫描的效率,使数据仓库的开发人员和用户在使用上具有更大的灵活性。设计数据分割最重要的是选择适当的分割标准。

02.405 数据分类 data classification
按照某些确定的规则,将数据分离成组的过程。

02.406 数据分析 data analysis
对实在的或计划好的系统中的数据及其流程所进行的一种系统性调研。

02.407 数据分析程序 data analysis routine
对数据分析思想的计算机实现。

02.408 数据更新 data updating
以新数据项或记录,替换数据文件或数据库中与之相对应的旧数据项或记录的过程。

02.409 数据共享环境 data sharing environment
在科研、工程、办公、公众信息服务活动中共享数据资源的技术环境。

02.410 数据管理 data management
数据的组织、定位、存储、检索等操作。

02.411 数据获取设备系统 data acquisition device system, DADS
用来采集数据的软、硬件系统。

02.412 数据集比较 data set comparison
对两个或多个数据集进行对比分析,发现变化信息的一种数据挖掘技术。

02.413 数据集成 data integration
按照统一的空间参考系统和信息分类标准进行数据库建设。

02.414 数据记录设备 data chamber
记录地图数据和语义数据的软、硬件设备。

02.415 数据检索 data retrieval
从文件、数据库或存储装置中查找和选取所需数据的过程。

02.416 数据简化 data simplification
在地图综合中,随着比例尺变小而从地图中消除一些不必要地图元素的过程。

02.417 数据建模 data modeling
把现实世界的数据组织为有用且能反映真实信息的数据集的过程。

02.418 数据交换 data exchange
将数据从一种表示形式转变为另一种表示形式的过程。

02.419 数据交换网站 clearinghouse
存储和发布数据的网络工作站。

02.420 数据结构转换 data structure conversion
从一种形式的数据结构到另一种数据结构的转换,使两种不同的数据能够相互识别与兼容。

02.421 数据聚合 data aggregation
合并来自不同数据源的数据,强调把分散在不同地方关于同一对象的不同说法合并起来,得到此对象的更为完整的信息。

02.422 数据控制 data control
在数据的使用和交换过程中,采用一定的安全机制,按照不同等级的权限对数据进行处理,保护数据的安全性。

02.423 数据库参数操作 database parameter manipulation
对数据库参数进行的配置与调整等。

02.424 数据库查询模块 database request module
一种数据库管理系统实用程序,用来解释数据操作语句,数据库查询通过交互和调用两种方式提供对数据的存取。

02.425 数据库创建 database creation
完成数据库设计之后,利用数据库管理系统所提供的各种命令和实用程序,在系统中定义数据库的过程。

02.426 数据库管理 database management, database administration
对某一数据库中全部数据进行定义、组织、管理、控制和保护等各项功能的实施。

02.427 数据库管理软件 database management software
操纵和管理数据库的软件,它提供可直接利用的功能,使多个应用程序和用户可以用不同的方法建立、更新和询问数据库。

02.428 数据库环境 database environment
数据库所在的操作系统、数据库模式结构、数据库物理数据文件的存放位置、数据库的内存分配等有关数据库的基本信息。

02.429 数据库集成程序 database integrator, DBI
实现不同格式数据库统一操作的应用系统。

02.430 数据库链接 database link
关系数据库管理系统中为实现分布式查询而引入的技术。定义从一个数据库到另一个数据库的单行通信通道。

02.431 数据库浏览 database browse
对数据库中的表、视图、索引、触发器等逻辑对象,以及数据库管理系统提供的数据工具产品等进行浏览的操作方法。

02.432 数据库描述 database description
用于描述整个数据库,数据库的描述在逻辑上应该和一般数据采用同样的方式,使得授权用户可以使用查询一般数据所用的关系语言来查询数据库的描述信息。

02.433 数据库模式设计 database schema design
数据库逻辑设计中的第三阶段,包括:初步设计,把实体关系图转换为关系模型;优化设计,对模式进行调整和改善。

02.434 数据库设计 database design
对于一个给定的应用环境,构造最优的数据库逻辑模式和物理结构,并据此建立数据库及其应用系统,使之能够有效地构建、维护、存取、查询和管理数据,满足各种用户的应用需求(信息管理要求和数据操作要求)。

02.435 数据库锁定 database lock
数据库管理系统在多用户并发存取数据库时,用于防止冲突存取的一种并发控制机制。

02.436 数据链接 data link
为了对数据源实现访问和控制而建立的带权限的连接方式。

02.437 数据链接控制 data link control
对于不同级别用户读取数据的权限的控制。

02.438 数据流方式 data streaming mode
以数据流的形式传输数据的方式。

02.439 数据描述记录 data description record
对数据进行描述的字符记录。包含字段描述与数据集中该字段出现的每一情形。

02.440 数据模式 data schema
对数据库中数据的逻辑结构和特征的描述,是所有用户的公共数据视图。

02.441 数据平滑 data smoothing
应用一定的算法对数据进行平滑的过程。用以减小偶然误差的影响或改善目视效果。

02.442 数据屏蔽 data mask
剥夺未经授权的用户访问读取数据的权利。

02.443 数据窃取 data voyeur
数据在计算机或者其他设备中进行存储、处

理、传送等过程中被非法窃取的行为。

02.444 数据清理 data cleaning
对垃圾数据的清查、整理与删除等操作。

02.445 数据矢量化 data vectorization
将地理数据由硬拷贝类型或栅格数据类型转化为矢量数据类型的过程。

02.446 数据输入 data input
利用输入设备把数据输入到存储单元。

02.447 数据输入程序 data entry procedure
将数据输入到存储单元需要的支持软件。

02.448 数据输入指南 data entry guide
输入数据时应该遵循的指导性原则及规范。

02.449 数据输入终端 data entry terminal
向计算机输入数据的设备。

02.450 数据缩减 data reduction
在提供同等分析结果的情况下对原数据集进行的简化,其主要目的是提高数据挖掘的效率。

02.451 数据探测法 data snooping
在解析空中三角测量中,用以发现和剔除粗差的检测统计方法。

02.452 数据提取 data extraction
从原始数据中抽取出感兴趣数据的过程,对地理数据的提取基于数据的属性值、空间范围以及地理特征。

02.453 数据通道 data channel
获取空间数据的传感器物理方法特性。如谱段属性等。

02.454 数据通信 data communication
依照一定的通信协议,利用数据传输技术在两个终端之间传递数据信息的一种通信方式和通信业务。

02.455 数据挖掘 data mining
从大量的、不完全的、有噪声的、模糊的、随机的数据集中识别有效的、新颖的、潜在有用的以及最终可理解的模式的过程。

02.456 数据网络 data network
在数据终端设备之间建立连接的各功能单元的集合。

02.457 数据文件维护 data file maintenance
对数据文件的管理、保护等操作。

02.458 数据显示 data display
利用计算机技术将数据内容可视化的过程。

02.459 数据形式化 data formalism
数据的某种统一表达方式。

02.460 数据精确度 data accuracy
一种对避免误差的定性估计,或对误差大小的定量度量,表示为一个相对误差的函数。

02.461 数据压缩 data compression
按照一定的算法对数据进行重新组织,减少数据的冗余和存储的空间。包括有损压缩和无损压缩。

02.462 数据压缩程序 data compression routine
进行数据压缩处理的软件程序。

02.463 数据掩码 data mask
将真正的客户数据转换成其他人都不能使用的完全伪造的数据,但是那些数据仍可以被用于应用程序测试。

02.464 数据载体检测 data carrier detection
数据通信中,从调制解调器传至数据终端设备的接口信号,表示已经收到质量合格的载波。

02.465 数据再聚合 data reaggregation
可被合在一起引用或分别引用的两个或几个数据项的逻辑集合。

02.466 数据质量度量 data quality measure

对数据质量子元素的评价。

02.467 数据质量评价过程 data quality evaluation procedure

应用和报告质量评价方法及评价结果的操作。

02.468 数据终端设备 data terminal equipment

计算机通信系统中作为数据传输的起点或终点,发送和接受数据信息的外围设备。

02.469 数据准备 data preparation

从不同的数据源中提取数据、进行准确性检查、转换和合并整理,并载入到数据库,供应用程序分析、应用的综合过程。

02.470 数据组织 data organization

按照一定的方式和规则对数据进行归并、存储、处理的过程。包括数据结构和数据模型。

02.471 数字地理信息交换标准 digital geographic information exchange standard, DIGEST

由数字地理信息工作小组(DGIWG)制定的空间数据交换标准,用以实现全国或国际间以及用户间的互操作与兼容性。该标准涵盖所有的数据形态,如栅格、矩阵、矢量数据以及相关的文本数据等。

02.472 数字地图分析 digital cartographic analysis

对数字地图所表现的各种要素和内容进行分析的方法。主要有目视、图解、量算、数理统计或建立数学模式等方法。

02.473 数字地图配准 digital map registration

将两个或多个属于同一地理区域的数字地图进行调校对齐,以维持彼此间与真实地理位置的准确关系。

02.474 数字地图制图 digital cartography

根据地图制图学原理和地图编辑计划的要求,以电子计算机及其外围设备作为主要的制图工具,应用数据库技术和图形的数字处理方法,实现最佳地解决地图信息的获取、转换、传输、识别、存储、处理和显示,最后输出地图图形的过程和方法。

02.475 数字多路转换接口 digital multiplexed interface

将多路数字(或模拟)信号转换为模拟(或数字)输出。

02.476 [地图]数字化 digitization

将地图图形或图像的模拟量转移成离散的数字量的过程。

02.477 数字化板 digitizing tablet

数字化仪的重要组成部分,通常用来放置地图等信息源以便进行数字化。

02.478 数字化仪 digitizer

一种用来将平面上点的位置数字化,产生一系列矢量数据的外部设备。内置有电子网,能感知游标的位置,并能将点的 x、y 坐标传送到与之相连的计算机。

02.479 数字化仪选单 tablet menu

俗称"数字化仪菜单"。数字化仪中放置电路板设计的指令及命令的系统清单表。

02.480 数字化仪坐标 tablet coordinates

数字化仪的设备坐标,是基于数字化仪平面板的笛卡儿坐标系统构成的坐标。

02.481 数字交换格式 digital exchange format, DXF

一种利用 ASCII 文件或二进制文件来存储数据的格式。

02.482 数字纠正 digital rectification

根据构像方程和已建立的数字高程模型对数字图形进行的逐个像元的纠正。

02.483　数字录音带　digital audio tape
用于记录进行数字化编码音频信息的磁带
存储介质。

02.484　数字模拟　digital simulation
一种数字仿真技术,通过计算机软硬件来实
现对物理过程或现象的模拟技术。

**02.485　数字摄影测量　digital photogram-
metry**
从数字影像中获取物体三维空间数字信息
的摄影测量技术。

**02.486　数字摄影测量工作站　digital pho-
togrammetric workstation,DPW**
具有高精度、大容量、高处理速度、高显示分
辨率、良好的用户界面、功能较强的支持局
域网硬、软件及外围设备和用户开放系统的
特性,按照摄影测量的原理,把数字影像或
数字化影像作为输入,以交互式或自动方式
进行摄影测量处理和输出的计算机软、硬件
系统。

02.487　数字化编辑　digitizing edit
在数字化过程当中对地理数据进行删除、修
改、合并等的一系列操作。

02.488　数字数据采集　digital data collection
利用数字采集工具或者人工手段获取数字
信号、数字信息的操作。

**02.489　数字数据通信协议　digital data com-
munication message protocol**
为保证数据通信网中通信双方能有效、可靠
的通信而规定的一系列约定。

02.490　数字梯度　digital gradient
又称"数字斜率"。图像处理中最常用的一
阶微分算法,最重要性质是梯度的方向是在
图像灰度最大变化率上,它可以反映出图像
边缘上的灰度变化。

02.491　数字通信　digital communication
用数字信号作为载体来传输信息,或者用数
字信号对载波进行数字调制后再进行传输
的通信方式。

**02.492　数字图像处理　digital image proces-
sing,DIP**
通过计算机对图像进行去除噪声、增强、复
原、变换、分割、提取特征、分类等处理的方
法和技术。

02.493　数字线划图　digital line graph,DLG
地形图上现有核心要素信息的矢量格式数
据集。内容包括行政界线、地名、水系及水
利设施工程、交通网和地图数学基础(高斯
坐标系和地理坐标系)等。

**02.494　数字线划图数据格式　Digital Line
Graph,DLG**
由美国地质调查局(USGS)发布的用于交换
地图数据文件的矢量数据格式。

02.495　数字相关　digital correlation
利用计算机或专门的数字相关器解求相关
函数的影像相关。影像相关是探求左、右相
片影像信号相似的程度,从中确定同名影像
或目标的过程。

02.496　数字镶嵌　digital mosaic
利用计算机对重叠邻接的数字图形进行镶
嵌的技术。

02.497　数字循环载体　digital loop carrier
接入网中以信道复用方式为多个用户提供
多种业务接入的数字传输系统。

02.498　数字循环诊断　digital loopback
把调制解调器数字接口收到的数据回送到
线路上去。它也能把终端发送的数据回送
给终端。

**02.499　数字正射影像图　digital orthophoto
map,DOM**
用数字形式储存的正射影像图,是我国基础

地理信息数字产品的重要组成部分之一。

02.500 数字制图 digital mapping
对利用各种手段采集的数据,通过计算机加工处理,获得数字地图的方法。

02.501 衰减 attenuation
射线束通过某种物质时,因发生吸收和散射作用,使强度减弱的过程。

02.502 双二进制编码 duobinary coding
一种通过对输入的二进制信号进行预编码来产生具有三个电平值信号的方法。

02.503 双时态数据模型 bitemporal data model
支持有效时间和事务时间的时态数据模型。

02.504 双线性内插 bilinear interpolation
数字影像重采样过程中常用到的一种像元值内插技术,像元值的计算是使用最靠近该像元的四个像元值而来。此过程会一直重复到全部的影像重新取样完毕而止。

02.505 随机抽样 random sampling
从母体中随机抽取个体组成样本的一种常用抽样方法。

02.506 随机访问 random access
每个元素有一个唯一的地址,并且可个别地取回,为一种在数据库中或存储介质中的数据组织形式。

02.507 缩放 zoom
在交互式显示设备上,逐渐放大或者逐渐缩小矢量地图或栅格影像的一种操作。

02.508 缩小 zoom out
在一个显示区域内,逐渐缩小一个矢量地图或者栅格影像的操作。

02.509 泰森多边形 Thiessen polygon
又称"冯罗诺图(Voronoi diagram)"。把平面分成 N 个区,每一个区包括一个点,该点所在的区域是距离该点最近点的集合。

02.510 特征畸变 characteristic distortion
图像在成图过程中由于成像技术或传输过程中调制而产生的失真。

02.511 特征码清单 feature code menu
数字化跟踪时,对地图要素编码的一种方法。在数字化仪台面或界面上开辟一个区域,并在该区域内划分若干个小方格,每个小方格代表地图的一个图例。

02.512 特征提取 feature extraction
通过影像分析和变换,以提取所需图像特征的方法。

02.513 特征选择 feature selection
把原始多波段测量参数,经过变换重新组合,从中选定对识别分类更有效的特征参数的过程。

02.514 贴加 drape
将二维空间影像以全景或透视的方式,叠置于三维或二维半表面上的过程。

02.515 通信 communication
按照达成的协议,信息在人、地点、进程和机器之间进行的传送。

02.516 通用计算机 general purpose computer
为广泛解决各种问题而设计的计算机。

02.517 通用网关接口 common gateway interface, CGI
又称"公共网关接口"。网络浏览器请求网络服务器执行外部应用程序的一种机制。

02.518 通用作战图 common operational picture
由几个军种或机构共享的对于相关信息的一种同一性的显示。可以促进协作计划的制定,并有助于所有作战部队获取对现实境况的感知。

02.519 同步通信 synchronous communication

一种比特同步通信技术,要求发收双方具有同频同相的同步时钟信号,只需在传送报文的最前面附加特定的同步字符,使发收双方建立同步,此后便在同步时钟的控制下逐位发送/接收。

02.520 统计 statistics

一门关于收集和分析数据的学科。在有限区间内无一定规律可循,但经大量观察后仍可在总体上找到一定规律的分析方法。

02.521 统计分析 statistical analysis

运行数理统计方法,对大量的数据进行加工、整理和分析,从中揭示出某些必然规律的技术体系。

02.522 图幅拼接 map join

一种自动化处理,将数个分离但空间上相邻的地图图幅拼成为一幅图,其结果是一幅拓扑一致且图形连续的地图。

02.523 图面配置 layout

地图上所有辅助要素(如图名、图例、插图、附图、文字说明等)在图面上的位置及大小的布置过程。

02.524 图像[数据]压缩 image data compression

在满足需求的前提下,缩减图像数据量以减少存储空间,提高其传输、存储效率的一种技术方法。

02.525 图像编码 image coding

一种对图像的信息源编码。用以压缩图像数据、传输图像或提取特征等。

02.526 图像变换 image transformation

按一定规则将多波段图像从一种特征空间变化到另外一种特征空间,或者将单波段图像在空间域与频率域之间进行转换的方法,前者如主成分变换,后者如傅里叶变换。

02.527 图像处理 image processing

对于遥感图像进行各种加工技术的统称。包括校正、增强、压缩和复原、分类和识别等技术。

02.528 图像处理设备 image processing facility

实现图像处理的软、硬件设备。如图像输入和输出设备、图像处理工作站、图像存储设备、图像处理软件等。

02.529 图像处理系统 image processing system

对图像信息进行处理的计算机软、硬件系统。

02.530 图像存储系统 image storage system

实施图像数据存储的软、硬件系统。

02.531 图像反差 image contrast

图像的黑白对比。

02.532 图像分割 image segmentation

根据需要将图像划分为有意义的若干区域或部分的图像处理技术。

02.533 图像分类 image classification

根据图像特征区分不同类别目标的图像处理方法。常用的分类方法有监督分类和非监督分类。

02.534 图像分析 image analysis

从图像中提取信息所做的一系列计算机图像处理工作。

02.535 图像复原 image restoration

对遥感图像资料进行大气影响的校正、几何校正以及对由于设备的原因造成的扫描线漏失、错位等的改正,将降质图像重建成接近于或完全无退化的理想图像的过程。

02.536 图像配准 image registration

找出两幅影像同名点的对应坐标,建立两个坐标系的对应关系,用重采样法或直接法将一幅图像的灰度值用另一幅影像的灰度值代替,形成一幅新的图像的过程。

02.537 图像匹配 image matching
对同一地区不同时相、不同波段、不同手段获得的图形图像数据,经几何变换使其同名点在位置上完全叠合的处理方法。

02.538 图像平滑 image smoothing
需要突出宽大区域或目标的主干部分时,在图像的频域中衰减高频分量而让低频分量通过的实现过程。

02.539 图像情报 imagery intelligence
通过对图像和相关资料进行判读或分析,从而获得目标的技术性能、地理位置和相关情报的信息。

02.540 图像锐化 image sharpening
需要突出目标的边缘细节时,在图像的频域中衰减低频分量而让高频分量通过的实现过程。

02.541 图像输入输出系统 image I/O system
能输入输出图像数据的软硬件子系统。

02.542 图像数据采集 image data collection
将各种图像数据按一定原则和方法集中起来,并对其进行规格化和标准化的处理过程。

02.543 图像数据存储 image data storage
将规格化和标准化的图像数据以结构化形式存储成图像数据文件或存入图像数据库的操作。

02.544 图像数据检索 image data retrieval
按一定的方式或条件发现和提取图像数据的操作。

02.545 图像衰减 image degradation
又称"图像退化"。图像经实际成像系统、数字化器、显示器处理后图像质量发生退化的现象。包括点和空间退化作用,以及确定性和随机性噪声污损等。

02.546 图像显示系统 image display system
用符号、颜色、灰度在荧光屏上显示图像信息的软件系统。

02.547 图像校正 image rectification
为消除遥感图像的几何畸变、辐射失真或畸变而进行的校正。

02.548 图像增强 image enhancement
将原来不清晰的图像变得清晰或强调某些关注的特征,抑制非关注的特征,使之改善图像的质量、丰富信息量,加强图像判读和知识效果的图像处理方法。

02.549 图形表示[法] graphic presentation
用图形表示一个系统的信息处理流程或层次结构。

02.550 图形操作处理 graphic manipulation
绘制、修改、输出图形的各种操作。

02.551 图形查询 graphic inquiry
根据对象的空间位置查询有关属性信息的方法。

02.552 图形的 graphic
又称"图示的"。通过诸如手写、绘制或者打印之类的处理过程而产生的符号。

02.553 推理机 inference engine
专家系统中实现基于知识推理的部件,是基于知识的推理在计算机中的实现,主要包括推理和控制两个方面。

02.554 拓扑编码 topological coding
描述多边形、线段、结点之间的空间相互关系及属性关系的一种编码方式。

02.555 拓扑叠加 topological overlay
按照拓扑关系对数据进行叠加,把输入的特征属性合并到一起,实现特征属性在空间上的连接。

02.556 万维网 world wide web, WWW
基于客户-服务器模式,以超文本传送协议(HTTP)和超文本置标语言(HTML)为基础,提供面向因特网服务的一种超媒体信息检索和浏览系统。

02.557 万维网地理信息系统 web GIS
用户和服务器可以分布在不同地点和不同的计算机平台上,实现在任意一个结点上浏览检索网络上的各种地理信息和进行各种地理空间分析与预测、空间推理和决策支持等功能的系统。

02.558 网格地理信息系统 grid GIS
网格技术支持下实现真正意义上的跨平台、互操作、资源共享和协同解决问题的地理信息系统。

02.559 网络分析 network analysis
关于网络的图论分析、最优化分析以及动力学分析的总称。

02.560 网络协议 network protocol
在计算机网络中互相对等实体间交换信息时所必须遵守的规则的集合。

02.561 卫星导航系统 satellite navigation system
利用人造地球卫星进行导航的系统。整个系统由多个导航卫星、地面站和卫星导航定位设备组成。可为地球表面、近地表和地球外空任意地点用户提供 24 小时三维位置、速率和时间信息。

02.562 未及 undershoot
一条线要素,其未达到应该与另一条线要素相交之结点。

02.563 位模式 bit pattern
一种二进制数 1 和 0 的组合格式,是计算机用来存储和处理信息的最小单位。有 n 位就有 2 的 n 次方种组合。

02.564 位屏蔽 bit mask
一种特定的数值,和位式算子(and, eqv, imp, not, or, xor)一起用来测试、设置、清除(即重新设置)各个位的状态,这些状态以位式字段值的形式表示。

02.565 文件编制 documentation
为形成方案、计划等,对文件进行的编排、组织。

02.566 文件传输 file transfer
将文件从一个地址传送到另一个地址的过程。

02.567 文件传输协议 file transfer protocol, FTP
TCP/IP 协议提供的一种在网络结点间传送文件的协议,为用户在公共文档里寻找、移动或接收文件提供服务。

02.568 文件服务器 file server
运行在一台计算机上的一个进程,它为在远程机器上的程序提供对计算机上的文件的访问。

02.569 文件服务器协议 file server protocol
文件服务器互连时所共同承认、共同遵守的通信规则。

02.570 文件管理 file management
操作系统中关于对文件的存储、分配和编目方面的功能或操作。

02.571 文件锁定 file locking
为避免文件被非法修改、删除所采取的保护措施。

02.572 文件图像处理 document image processing, DIP
对文件图像加工、修改的过程。

02.573 文件压缩 file compression

为减少数据文件占用的存储空间而采用的减少文件大小的方法。

02.574 文件阅读器 document reader
能阅读特定文件和识别印刷和手写字符的一种输入设备工具。

02.575 线段交叉 line intersection
线段的公共交叉点。

02.576 线图层 line coverage
包含线状地理实体信息的数据层,由线与其相关属性数据所组成。

02.577 相对定位 relative positioning
通过在多个测站上进行同步观测,测定测站之间相对位置的定位。

02.578 镶嵌 mosaic
将有重叠影像的多张遥感图像或其他像片经过纠正,根据控制点或同名影像进行拼叠,制作成一个没有重叠的新图像的过程。

02.579 像移补偿 image-motion compensation, IMC
对遥感器平台在成像瞬间相对于所摄目标的位移引起的像点位移的自动补偿改正。

02.580 橡皮拉伸 rubber sheeting
调整数据集中所有数据点坐标的过程,使数据集中的已知位置与数据点间能较正确的吻合。使点和物体间的相互连线经过拉伸、收缩和改变方向后仍保留其相互连接性或拓扑关系。

02.581 校正 rectification
在摄影测量中,矫正因像片倾斜引起的像片影像变形的过程。

02.582 校准 calibration
又称"标定"。空间分析中为了得到一个能适于代表真实世界状况的模型,选取属性值和计算参数以及使模型与现实情况相符合的过程。

02.583 信息采集 information collection
信息的收集与处理的过程。

02.584 信息服务 information service
用不同的方式向用户提供所需信息的一项活动。

02.585 信息共享 information sharing
地理信息提供给广大用户和部门使用的一种机制。

02.586 信息管理 information management
在一个组织或系统中定义、评价、保护和分发数据的过程。

02.587 信息内容 information content
对出现确定概率的事件所传递的信息的量度。

02.588 信息视图 information view
数据对象的表示或显示。

02.589 信息提取 information extraction
从原始数据中按一定要求识别和提取特定信息的过程。

02.590 虚拟内存 virtual memory
一种使应用程序在运行时认为系统拥有比实际更多的随机存储器的机制。

02.591 虚拟终端机 virtual terminal
使用者可与数据处理系统通信交流的输出/输入设备。

02.592 悬挂 dangle
一种拓扑错误。通常是由于不精确的数字化产生。指一条线并非终止于实际的终点,超出或者不及实际的终点。

02.593 验证 validation
进行程序或系统测试的过程,以确保其符合相关的标准或规范。

02.594 遥感图像处理 remote sensing image processing

对遥感图像进行预处理、图像增强、图像变换、特征提取、目标识别和影像判读的总称。

02.595 页面阅读器 page reader
一种感光字符阅读器。它可以处理不同大小切割形式的文件,也可以阅读卷盘形式的信息。

02.596 一对多 one-to-many
一个集合中的一个元素与另一个集合中的多个元素有对应关系。

02.597 一致性测试 conformance testing
按所要求的特征对待测产品进行的测试,以便确定该产品一致性实现的程度。

02.598 以太网 Ethernet
当前广泛使用,采用共享总线型传输媒体方式的局域网。

02.599 异步请求 asynchronous request
客户端发出请求消息后,不等待服务器的响应结果,继续执行其他操作的运行方式。

02.600 隐藏线消除 hidden line removal
将三维图中不可见的线删除,使其接近人的视觉感受。

02.601 应用程序 application program
直接为用户完成某特定功能所设计的程序。

02.602 应用程序快捷键 application shortcut key
按下时可快速执行程序中一项操作的一个或一组按键。

02.603 应用模式 application schema
满足一种或多种应用需求的数据的概念模式。

02.604 应用软件 application software
为了解决、处理或改善某些特定问题而设计开发的计算机程序。

02.605 应用系统 application system
为了解决某个或某类问题而专门组织起来的系统。

02.606 影像判读 image interpretation
又称"图像判读"。根据地面(包括水面)目标的成像规律和特征,从像片或其他形式的影像上提取目标信息的过程。其基本要素(或目标的影像特征)有形状、大小、阴影、色调、位置、布局、纹理、图案和活动痕迹等。

02.607 影像融合 image fusion
用各种手段把不同时间、不同传感器系统和不同分辨率的众多影像进行复合变换,生成新的影像的技术。

02.608 影像扫描仪 image scanner
将获取的像片转换成计算机可以显示、编辑、储存和输出的数字化设备。

02.609 用户定义时间 user-defined time
用户根据自己的实际需要或理解定义的时间。

02.610 用户化 customization
将某一软件包的程序,依用户的实际状况加以修改,使其更符合用户的使用需求。

02.611 用户软件 customer software
为特定用户编制的软件产品。

02.612 用户需求分析 user requirements analysis
在用户调查的基础上,通过逐步分析,明确用户对系统的需求。

02.613 游标 cursor
在嵌入式结构查询语言(SQL)中定义的指针类型,用于在一次查询检索中有多条记录的情况下,使宿主语言可以按照游标指定的顺序一次处理一条记录。

02.614 游程编码 run-length coding
逐行将相邻同值的网格合并,并记录合并后网格的值及合并网格的长度,其目的是压缩栅格数据量,消除数据间的冗余。

02.615 有效时间 valid time
现实世界中一个对象或事件发生的时间。

02.616 元数据模式 metadata schema
描述元数据的概念模式。

02.617 远程登录 telnet
因特网提供的最基本的信息服务之一,用户计算机在 Telnet 协议的支持下,将本地用户计算机通过因特网暂时仿真成远程计算机的终端。

02.618 远程通信 remote communication
用电报、无线电或电视在长距离上的信号传送。

02.619 远程信息处理 teleprocessing
在计算与通信技术中,与远程通信技术相结合的一种数据处理技术。

02.620 约束 constraint
给予模型的限定。

02.621 在线 on-line
设备通过接口装置与中央处理机连接,并在其直接控制下作业的一种操作方式。

02.622 在线查询 on-line query
使用查询一般数据所用的关系语言来联机检索所需数据的操作。

02.623 在线访问 on-line access
用户对数据文件、数据库管理系统中的数据进行联机存储、访问控制的操作。

02.624 增强模式 enhanced mode
改善影像清晰度或突出影像某些地物特征的技术。

02.625 增强型专题制图仪 enhanced the-matic mapper, ETM
搭载于美国陆地探测卫星系统 Landsat 6 和 Landsat 7 上的主要传感器,它保留专题绘图仪 7 个波段的光谱和空间特征,又增加了一个地面分辨率为 15m 的全色(PAN)波段,该波段的波长范围为 0.50~0.90μm,搭载于 Landsat 7 上的传感器 ETM+是 ETM 的改进。

02.626 增值处理 value adding
对地理空间信息进行深加工以提高其价值的工作。包括数据的验证、修改、更新、加密、信息补充、重新格式化、融合处理、重采样,以及建立与其他数据库的联系等。增值地理空间信息可能不满足数据或面向任务数据的精度与质量标准。

02.627 阵列 array
存储在计算机内存中的一组数据值,通常使用线性二维方式存储,也可以采用多维方式进行存储。

02.628 阵列处理器 array processor
专门用于处理阵列或矩阵的海量数据的具有特定结构的计算机处理器。

02.629 正投 front projection
在虚拟显示系统中,观察者与投影设备处于屏幕同侧的投影方式。一般屏幕是不透明的。

02.630 知识库 knowledge base
知识工程中结构化,易操作,易利用,全面有组织的知识集群,是针对某一(或某些)领域问题求解的需要,采用某种(或若干)知识表示方式在计算机存储器中存储、组织、管理和使用的互相联系的知识片集合。

02.631 执行 execute
完成一条指令或一个计算机程序的过程。

02.632 直方图调整 histogram adjustment
通过对图像的直方图进行调整从而达到增强该图像显示效果的图像处理技术。

02.633 直方图规格化 histogram specification

将原直方图调整为事先规定的形式,然后按该直方图调整原图像的一种图像处理技术。

02.634 直方图均衡[化] histogram equalization

把原始图像的灰度直方图从比较集中的某个灰度区间变成在全部灰度范围内的均匀分布,从而实现图像对比度的增强。

02.635 直方图匹配 histogram matching

对一幅图像进行变换,使其结果图像的直方图与另一幅图像的直方图或特定函数形式的直方图相匹配。

02.636 直方图线性化 histogram linearization

为了改善图像的对比度,将像元灰度值按照线性或者分段线性的变换函数进行变换。

02.637 直方图正态化 histogram normalization

按照正态分布形式修正原直方图分布。

02.638 中心透视 central perspective

投影中心到投影平面的距离为有限距离的几何投影。

02.639 中央处理器 central processing unit, CPU

计算机的计算和控制单元。

02.640 重采样 resampling

影像在几何或其他方式的变换后,重新插值和计算像元灰度值的过程。

02.641 重叠 overlap

地图图幅与相邻图幅具有重复的部分。通常指航测影像的重叠部分,像片重叠为航空摄影测量过程中建立立体模型的必要条件。

02.642 重叠多边形 overlaid polygon

一个多边形与其他多边形存在重复的部分。

02.643 重叠像对 overlapping pair

从摄影基线两端点摄取的具有重叠影像的一对像片。

02.644 属性查询 attribute query

根据属性表中的字段构造查询条件来查询某一属性表特定的记录。

02.645 属性抽样 attribute sampling

又称"属性采样"。在精确度界限和可靠程度一定的条件下,为了测定总体特征的发生频率而采用的一种取样方法。

02.646 属性代码 attribute code

属性的数字字符识别值。

02.647 属性匹配 attribute matching

赋予空间数据属性的过程。

02.648 专题制图 thematic mapping

描述与某个或多个特定主题相关的选定信息的地图,以符号来表现其分布的一种制图方式。

02.649 专题制图仪 thematic mapper, TM

美国陆地卫星(Landsat)上携带的一种具有较高空间分辨率的多光谱扫描仪。具有7个对地探测波段。

02.650 自动测试系统 automatic test system, ATS

采用计算机控制,能实现自动化测试的系统。

02.651 自动绘图系统 automated drafting system

利用计算机对地图数据进行编辑加工并控制绘图仪自动绘出所需地图的系统。

02.652 自动矢量化 automated vectorization

按照一定算法把栅格数据自动转变成用点、线和面表示的矢量数据形式的过程。

02.653 自动数据处理 automated data processing

按照一定的流程设计相应的算法,将原始数据进行自动处理,以形成目标数据或者期望达到的结果的过程。

02.654 自动数字化 automated digitizing
采用一定的方法将地图转化为数字地图,转化中很少或不用操作者干预的过程。如扫描数字化和矢量线跟踪数字化。

02.655 自动数字化系统 automated digitizing system, ADS
对地图进行自动数字化的软、硬件设备总称。

02.656 自动索引技术 automated indexing technique
利用计算机软件自动构建的一种数据索引技术,用于提高数据的检索效率。

02.657 自动要素识别 automated feature recognition
利用计算机软件和模式识别技术对地图特征进行自动辨认的过程。

02.658 自动制图 automated cartography
根据地图制图学原理和地图编制计划的要求,以电子计算机及其外围设备作为主要的制图工具,应用数据库技术和图形的数字处理方法,实现最佳的解决地图信息的获取、转换、传输、识别、存储、处理和显示,最后输出地图图形的过程和方法。

02.659 自动制图系统 automated cartographic system
利用计算机和输入、输出设备及自动制图软件,对地图信息进行数字化、数据处理、图形输出而获取地图产品的技术系统。

02.660 最短路径跟踪算法 shortest path tracing algorithm
在网络中,查找、计算最短路径的方法。

02.661 最少存取时间 minimum access time
又称"最少访问时间"。传送操作指令及取得存储数据所花费的最短时间。

02.662 最短距离分类 minimum distance classification
求出未知类别矢量到要识别各类别代表(训练样本)矢量中心点的距离,将未知类别矢量归属于距离最短一类的一种图像分类方法。

02.663 最小外接四边形 enclosing rectangle
由二维坐标轴定位,能够将地理特征或地理数据集进行限定的最小矩形。

02.664 作战环境联合情报准备 joint intelligence preparation of the operational environment
联合情报机构为情报评估和其他情报产品生产所进行的分析处理工作,为联合作战司令官制定决策提供支持。是一个包括确定作战环境、描述作战环境影响、评估敌方和预判敌方可能的作战计划。

02.665 坐标变换 coordinate transformation
利用不同坐标系统间的相互关系,将一个影像或地图由原有的坐标系统变换为另一个坐标系统的计算过程。

02.666 坐标转换 coordinate conversion
将空间实体的位置描述从一种坐标系统变换到另一种坐标系统的过程。是各种比例尺地图测量和编绘中建立地图数学基础必不可少的步骤。

英 汉 索 引

A

absolute altitude　绝对高程，＊绝对高度　01.309

absolute coordinate　绝对坐标　01.310

abstract data type　抽象数据类型　01.057

abstraction　抽象　02.063

abstraction level　抽象程度　01.055

abstract test case　抽象测试项　01.054

abstract test method　抽象测试方法　02.064

abstract test module　抽象测试模块　01.052

abstract test suite　抽象测试套[件]　01.053

abstract universe　抽象世界　01.056

access　访问，＊存取　02.146

access control　存取控制　02.071

access directory　存取目录　01.064

access group　存取[权限]分组　02.072

accessibility　可访问性，＊可存取性　01.314

access level　访问级[别]　01.191

access method　存取方法　02.069

access path　存取路径，＊访问路径　01.063

access right　存取权限，＊访问权　01.065

access security　存取安全性　01.061

access technology　存取技术　02.070

access time　存取时间　02.073

access type　存取类型，＊访问类型　01.062

account　账号　01.761

account name　账号名　01.762

accuracy　准确度　01.788

across-track scanning　横向扫描　02.197

active database　主动数据库　01.776

active location system　主动定位系统　01.774

active positioning system　主动定位系统　01.774

active sensor　主动[式]传感器　01.773

active tracking system　主动跟踪系统　01.775

A/D　模数转换　02.320

additive primary colors　加色法三原色　01.285

address　地址　01.159

address bus　地址总线　01.160

address coding　地址编码　02.118

address matching　地址匹配　02.119

adjacency　邻接　01.350

adjacency analysis　邻接分析　02.290

adjacency effect　邻接效应　01.353

adjacent areas　邻接区域　01.351

adjoining sheets　邻接图幅　01.352

ADS　自动数字化系统　02.655

ADT　抽象数据类型　01.057

advanced geospatial intelligence　高级地理空间情报　02.166

advanced very high resolution radiometer　先进甚高分辨率辐射仪　02.164

affined transformation　仿射变换　02.145

agglomeration　聚合，＊聚集　01.301

aggregation　聚合，＊聚集　01.301

aggregation domain　聚合域　01.302

AI　人工智能　01.411

airphoto　航空像片，＊航摄像片　01.253

algebraic model　代数模型　01.070

algorithm　算法　01.613

allocation　配置，＊分配　01.390

altitude　高程　01.220

altitude matrix　高度矩阵　01.221

altitude tinting　分层设色　02.153

AM/FM　自动制图-设施管理系统　01.796

anaglyph map　互补色地图　01.258

analog　模拟　02.318

analog-to-digital conversion　模数转换　02.320

analog-to-digital device　模数转换装置　02.321

analytical aerotriangulation　解析空中三角测量，＊电算加密　02.254

analytical plotter　解析测图仪　02.255

animation　动画　01.171

annealing algorithm　退火算法　01.648

annotated orthophoto　注释正射像片　01.784

annotated photograph　调绘像片　01.168

anti-spoofing　反电子欺骗技术　02.142

API 应用程序接口 01.730

application model 应用模型 01.732

application program 应用程序 02.601

application programming interface 应用程序接口 01.730

application schema 应用模式 02.603

application server provider 应用服务商 01.731

application shortcut key 应用程序快捷键 02.602

application software 应用软件 02.604

application system 应用系统 02.605

arc 弧段 01.256

architecture 体系 01.625

archive 档案 01.074

archiving 存档 02.068

arc-node structure 弧-结点结构 02.203

arc-node topology 弧-结点拓扑关系 02.204

arc-to-chord correction in Gauss projection 高斯投影方向改正 02.170

area 面 01.365,面积 01.366, 区域 01.403

area buffer 面缓冲区 02.307

area object 面状目标 02.312

area symbol 面状符号 02.311

array 数组 01.608,阵列 02.627

array processor 阵列处理器 02.628

artificial intelligence 人工智能 01.411

artificial neural network 人工神经网络 02.348

AS 反电子欺骗技术 02.142

ASP 应用服务商 01.731

aspect 方位 01.189

asynchronism 异步 01.726

asynchronous request 异步请求 02.599

ATKIS [德国]官方地形制图信息系统 02.001

atmospheric absorption 大气吸收 02.074

atmospheric window 大气窗[口] 01.068

ATS 自动测试系统 02.650

attenuation 衰减 02.501

attitude 姿态 01.791

attribute 属性 01.777

attribute accuracy 属性准确度,＊属性精度 01.782

attribute class 属性类别,＊属性类型 01.780

attribute code 属性代码 02.646

attribute data 属性数据 01.781

attribute matching 属性匹配 02.647

attribute query 属性查询 02.644

attribute sampling 属性抽样,＊属性采样 02.645

attribute table 属性表 01.779

attribute tag 属性标记 01.778

Authoritative Topographic Cartographic Information System [德国]官方地形制图信息系统 02.001

autocorrelation 自相关 01.797

automated cartographic system 自动制图系统 02.659

automated cartography 自动制图 02.658

automated data processing 自动数据处理 02.653

automated digitizing 自动数字化 02.654

automated digitizing system 自动数字化系统 02.655

automated drafting system 自动绘图系统 02.651

automated feature recognition 自动要素识别 02.657

automated indexing technique 自动索引技术 02.656

automated mapping/facility management system 自动制图-设施管理系统 01.796

automated vectorization 自动矢量化 02.652

automatic test system 自动测试系统 02.650

AVHRR 先进甚高分辨率辐射仪 02.164

azimuth 方位角 01.190

azimuthal projection 方位投影 02.143

B

backscatter 后向散射 02.202

band 波段 01.023

band ratio 波段比 01.024

bare earth elevation data 裸地球高程数据 02.303

base map 基础地图,＊底图 01.271

basic spatial unit 基本空间单元 01.270

batch file 批处理文件 01.392

batch mode 批处理模式 02.331

batch processing 批处理 02.329

batch queue 批处理队列 02.330

baud rate 波特率 01.025

BE 广播星历[表] 01.248

Beidou satellite positioning system 北斗卫星定位系统 02.015

benchmark 水准点 01.610

bilinear interpolation 双线性内插 02.504

binary 二进制 01.185

bit 比特 01.011

bitemporal data model 双时态数据模型 02.503

bit map 位图 01.669

bit mask 位屏蔽 02.564

bit pattern 位模式 02.563

bits-per-second 位每秒 01.668

block 街区 01.294，数据块 01.535

block code 块码 01.336

block correction 分块改正 02.156

blocked record 分块记录 02.157

block number 街区编号 02.250

block numbering area 街区编号区 02.251

Boolean expression 布尔表达式 02.038

Boolean operators 布尔运算符 02.039

border 边缘 01.014

border arc 边缘弧 01.015

border box 边框 01.012

border line 图廓线 01.641

border matching 边缘匹配 02.022

boundary 境界，*边界 01.300

bps 位每秒 01.668

broadcast ephemeris 广播星历[表] 01.248

browser 浏览器 02.293

browser/server 浏览器-服务器 02.294

B/S 浏览器-服务器 02.294

B-spline curve B样条曲线 01.004

BSU 基本空间单元 01.270

B-tree 二叉树 01.184

buffer 缓冲区 02.213

bulk update 批量更新 02.332

byte 字节 01.795

C

C/A code 粗码，*原码 01.060

CAD 计算机辅助设计 02.230

cadastral management 地籍管理 02.082

cadastral map 地籍图 01.087

cadastral mapping 地籍制图 02.083

cadastral survey 地籍调查，*地籍测量 02.081

cadastre 地籍 01.086

CAE 计算机辅助工程 02.227

calibration 校准，*标定 02.582

CAM 计算机辅助制图，*机助制图 02.231

Canada geographic information system 加拿大地理信息系统 02.238

capture 采集，*获取 02.040

carrier frequency 载波频率 01.755

carrier phase measurement 载波相位观测值 01.756

carrying contour 合并等高线 02.196

Cartesian coordinate 笛卡儿坐标系 01.083

Cartesian product 笛卡儿积 01.082

cartographic analysis 地图分析 02.106

cartographic communication 地图信息传输 02.111

cartographic data 地图数据 01.134

cartographic database management system 地图数据库管理系统 01.136

cartographic data format standard 地图数据格式标准 01.135

cartographic data model 地图数据模型 01.137

cartographic design 地图设计 02.109

cartographic editing software 地图编辑软件 02.101

cartographic information 地图信息 01.143

cartographic information system 地图信息系统 01.144

cartographic language 地图语言 01.783

cartographic semantics 地图语义 01.146

cartographic syntax 地图句法 01.210

cartography 地图学 01.145

CASE 计算机辅助软件工程 02.229

case base 案例库，*范例库 02.012

CCD 电荷耦合器件 02.121

CCT 计算机兼容磁带 02.233

CE 用户工程师 01.737

cell 格网单元 01.230，像元，*像素 01.698

cell code 像元码 01.702

cell map 像元图 01.703

cell resolution 像元分辨率 01.700

cell size 格网单元尺寸 01.231，像元尺寸 01.699

cell structure 像元结构 01.701

cellular automata 单元自动演化[算法]，*元胞自动机 02.076

center line 中心线 01.768

center point 中心点 01.767

central meridian 中央子午线 01.769

central perspective 中心透视 02.638

central processing unit 中央处理器 02.639

centroid 形心 01.716

CGI 通用网关接口，*公共网关接口 02.517

CGIS 加拿大地理信息系统 02.238

CGM 计算机图形元文件 01.284

chain 链 01.346

chain code 链代码 01.347

chain node graph 链结点图 01.348

change detection 变化检测 02.034

character 字符 01.793

characteristic curve 特征曲线 01.621

characteristic distortion 特征畸变 02.510

characteristic frequency 特征频率 01.620

charge coupled device 电荷耦合器件 02.121

chart 海图 01.249

chorisogram method 分区统计图表法 02.159

chorographic map 地区一览图 01.125

choroplethic map 等值区域图，*分区量值地图 01.079

chroma 色度 01.421

CICS 用户信息控制系统 01.742

CIMS 计算机集成制造系统 02.232

class 类别 01.339

classification map 分类图 01.205

classification rule 分类规则 01.204

classified image 分类影像 01.206

class interval 分级间距，*分类间距 01.203

clearinghouse 数据交换网站 02.419

client 客户 01.318

client/server 客户-服务器 02.273

clip 剪切 02.241

clipping window 剪切窗口 01.289

cluster 聚类 01.303

cluster analysis 聚类分析 02.261

cluster compression 聚类压缩 02.262

cluster computer 集群计算机 02.221

cluster control unit 集群控制器 02.222

cluster index 聚类指数 01.305

cluster map 聚类图 01.304

cluster zoning 聚类分区 02.260

coarse acquisition code 粗码，*原码 01.060

code 代码 01.069

coding 编码 02.027

COGO 坐标几何 01.802

color composite 彩色合成 02.043

color enhancement 彩色增强 02.054

color monitor 彩色监视器 02.044

command 命令，*指令 02.313

command line 命令行 01.373

command line interface 命令行界面 01.374

command procedure 命令程序，*指令程序 02.314

common data architecture 通用数据结构 01.629

common gateway interface 通用网关接口，*公共网关接口 02.517

common object model 通用对象模型 01.627

common object request broker architecture 公用对象请求代理体系结构 02.184

common operational picture 通用作战图 02.518

communication 通信 02.515

compilation 编译 02.032

compiler 编译器 02.033

compiler language 编译语言 01.017

complementary color 互补色 01.257

complex object 复杂对象 01.215

complex polygon 复杂多边形 01.216

complex surface 复杂表面 01.214

composite index 复合索引 02.162

composite indicator 复合指标 01.213

computer-aided design 计算机辅助设计 02.230

computer-aided engineering 计算机辅助工程 02.227

computer-aided mapping 计算机辅助制图，*机助制图 02.231

computer-aided software engineering 计算机辅助软件工程 02.229

computer-assisted assessment 计算机辅助评价 02.228

computer-assisted retrieval 机助检索 02.218

computer compatible tape 计算机兼容磁带 02.233

computer graphics 计算机图形学 01.283

computer graphics metafile 计算机图形元文件 01.284

computer-graphics technology 计算机图形技术 02.235

computer integrated manufacture system 计算机集成制造系统 02.232

computer mapping 计算机地图制图 02.226

computer network 计算机网络 02.236

concatenation 连接 02.283

concave polygon 凹多边形 01.005

conceptual data model 概念性数据模型 02.165

conceptual model 概念模型 01.219

conceptual schema 概念模式 01.217

conceptual schema language 概念模式语言 01.218

conformance testing 一致性测试 02.597

conjoint boundary 共同边界 01.240

connected node 连接结点 01.343

connectivity 连通性 01.344

constraint 约束 02.620

continuous data 连续数据 01.345

contour 等高线 01.077, 等值线 01.080

contour chart 等值线图 01.081

contouring 等值线生成 02.078

contrast enhancement 反差增强 02.141

control character 控制[字]符 01.334

control point 控制点 01.335

convex hull 凸包, *凸壳 01.635

convex polygon 凸多边形 01.636

coordinate 坐标 01.801

coordinate conversion 坐标转换 02.666

coordinate geometry 坐标几何 01.802

coordinate system 坐标系 01.803

coordinate transformation 坐标变换 02.665

coordinate universal time 协调世界时 01.705

CORBA 公用对象请求代理体系结构 02.184

cost-benefit analysis 成本-效益分析 02.059

coverage 图层 01.639

coverage element 图层元素 01.766

CPU 中央处理器 02.639

critical angle 临界角 01.355

critical point 临界点 01.354

cross-correlation 互相关 02.205

cross section 交叉部分 01.290

C/S 客户-服务器 02.273

currency 现势性 01.693

cursor 光标 02.187, 游标 02.613

curve 曲线 01.404

curve fitting 曲线拟合 02.337

customer engineer 用户工程师 01.737

customer information control system 用户信息控制系统 01.742

customer software 用户软件 02.611

customization 用户化 02.610

cyberspace 信息空间, *赛博空间 01.712

D

D/A 数模转换 02.381

DAA 数据存取装置 02.396

DAC 数模转换器 02.382

DADS 数据存档及分发系统 02.395, 数据获取设备系统 02.411

DAE 数据采集设备 02.390

dangle 悬挂 02.592

dasymetric map 分区密度地图 01.208

data 数据 01.479

data access arrangement 数据存取装置 02.396

data access control 数据访问控制, *数据存取控制 02.402

data accessibility 数据可访问性, *数据可存取性 01.522

data access security 数据访问安全性 01.480

data accuracy 数据精度 02.460

data acquisition 数据采集 02.388

data acquisition device system 数据获取设备系统 02.411

data acquisition equipment 数据采集设备 02.390

data administrator 数据管理员 01.508

data aggregation 数据聚合 02.421

data analysis 数据分析 02.406

data analysis routine 数据分析程序 02.407

data archive 数据档案 01.495

data archive and distribution system 数据存档及分发系统 02.395

data area 数据区 01.546

data attribute 数据属性 01.576

data authenticity 数据真实性 01.566

data bank 数据库 01.524

data base 数据库 01.524

database administration 数据库管理 02.426

database administrator 数据库管理员 01.529

database architecture 数据库[系统]结构 01.534

database browse 数据库浏览 02.431

database creation 数据库创建 02.425

database credibility 数据库可信度 01.531

database description 数据库描述 02.432

database design 数据库设计 02.434

database duration 数据库寿命 01.532

database environment 数据库环境 02.428

database hierarchy 数据库层次结构 01.525

database integrator 数据库集成程序 02.429

database integrity 数据库完整性 01.533

database key 数据库关键字 01.527

database link 数据库链接 02.430

database lock 数据库锁定 02.435

database management 数据库管理 02.426

database management software 数据库管理软件 02.427

database management system 数据库管理系统 01.528

database manager 数据库管理员 01.529

database object 数据库对象 01.526

database parameter manipulation 数据库参数操作
02.423

database request module 数据库查询模块 02.424

database schema design 数据库模式设计 02.433

database specification 数据库规范 01.530

data bit 数据位 01.554

data block 数据块 01.535

data broker 数据代理商 01.493

data capture 数据采集 02.388

data carrier detection 数据载体检测 02.464

data catalogue 数据目录 01.544

data category 数据类别 01.536

data cell 数据单元 01.494

data chamber 数据记录设备 02.414

data channel 数据通道 02.453

data classification 数据分类 02.405

data cleaning 数据清理 02.444

data collection 数据采集 02.388

data collection platform 数据采集平台 02.389

data collection point 数据采集点 01.484

data collection zone 数据采集区 01.485

data communication 数据通信 02.454

data compatibility 数据兼容性 01.517

data compression 数据压缩 02.461

data compression factor 数据压缩系数 01.561

data compression ratio 数据压缩比 01.560

data compression routine 数据压缩程序 02.462

data control 数据控制 02.422

data corruption 数据讹误 02.400

data coverage 数据层 01.488

data definition 数据定义 01.496

data definition language 数据定义语言 01.497

data density 数据密度 01.540

data dependency 数据依赖性 01.562

data description record 数据描述记录 02.439

data descriptive language 数据描述语言 01.541

data dictionary 数据字典 01.577

data directory 数据目录 01.544

data display 数据显示 02.458

data dissemination 数据发布 02.401

data editing 数据编辑 02.384

data element 数据元素 01.565

data encoding 数据编码 02.385

data encryption standard 数据加密标准 01.516

data entry guide 数据输入指南 02.448

data entry procedure 数据输入程序 02.447

data entry terminal 数据输入终端 02.449

data exchange 数据交换 02.418

data exchange format 数据交换格式 01.518

data extraction 数据提取 02.452

data field 数据域 01.564，数据字段 01.578

data file 数据文件 01.555

data file maintenance 数据文件维护 02.457

data formalism 数据形式化 02.459

data format 数据格式 01.501

data fragmentation 数据分割 02.404

data independence access model 数据独立存取模型
01.499

data input 数据输入 02.446

data integration 数据集成 02.413

data integrity 数据完整性 01.552

data item 数据项 01.558

data language 数据语言 01.563

data layer 数据层 01.488

data layering 数据分层 02.403

data lineage 数据志 01.567

data link 数据链接 02.436

data link control 数据链接控制 02.437

data link layer 数据链接层 01.538

data management 数据管理 02.410

data management and retrieval system 数据管理和检
索系统 01.504

data management capability 数据管理能力 01.506

data management structure　数据管理结构　01.505

data management system　数据管理系统　01.507

data manipulability　数据可操作性　01.521

data manipulation　数据操作　02.391

data manipulation language　数据操作语言　01.487

data mask　数据屏蔽　02.442，数据掩码　02.463

data mining　数据挖掘　02.455

data model　数据模型　01.543

data modeling　数据建模　02.417

data network　数据网络　02.456

data network identification code　数据网络标识码　01.553

data object　数据对象　01.500

data organization　数据组织　02.470

data output option　数据输出选项　01.550

data overlaying　数据叠加，*数据叠置　02.399

data portability　数据可移植性　01.523

data preparation　数据准备　02.469

data presentation　数据表达　02.387

data processing　数据处理　02.392

data product　数据产品　01.490

data product level　数据产品级别　01.491

data quality　数据质量　01.568

data quality control　数据质量控制　01.571

data quality element　数据质量元素　01.574

data quality evaluation procedure　数据质量评价过程　02.467

data quality measure　数据质量度量　02.466

data quality model　数据质量模型　01.572

data quality overview element　数据质量定性元素，*数据质量综述元素　01.570

data quality result　数据质量评价结果　01.573

data quality unit　数据质量单位　01.569

data query language　数据查询语言　01.489

data rate　数据［速］率　01.551

data reaggregation　数据再聚合　02.465

data record　数据记录　01.515

data reduction　数据缩减　02.450

data redundancy　数据冗余　01.549

data relativity　数据相关性　01.557

data retrieval　数据检索　02.415

data right　数据权限　01.548

data roll out　数据传出　02.393

data schema　数据模式　02.440

data secrecy　数据保密　01.482

data security　数据安全［性］　01.481

data sensitivity　数据敏感性　01.542

data set　数据集　01.510

data set catalog　数据集目录　01.511

data set comparison　数据集比较　02.412

data set directory　数据集目录　01.511

data set documentation　数据集文档　01.512

data set quality　数据集质量　01.514

data set series　数据集系列　01.513

data sharing　数据共享　01.503

data sharing environment　数据共享环境　02.409

data signaling rate　数据信号传输率　01.559

data simplification　数据简化　02.416

data smoothing　数据平滑　02.441

data snooping　数据探测法　02.451

data specification　数据规范　01.509

data standardization　数据标准化　02.386

data storage　数据存储　02.397

data storage control language　数据存储控制语言　01.492

data storage medium　数据存储介质　02.398

data stream　数据流　01.539

data streaming mode　数据流方式　02.438

data structure　数据结构　01.519

data structure conversion　数据结构转换　02.420

data structure diagram　数据结构图　01.520

data subject area　数据主题区，*主题数据　01.575

data system　数据系统　01.556

data table　数据表　01.483

data terminal equipment　数据终端设备　02.468

data tile　数据拼块　01.545

data transmission　数据传输　02.394

data type　数据类型　01.537

data universe　数据定义域　01.498，数据全集　01.547

data update rate　数据更新率　01.502

data updating　数据更新　02.408

data vectorization　数据矢量化　02.445

data voyeur　数据窃取　02.443

data warehouse　数据仓库　01.486

date stamp　日期标记　02.350

datum　基准　01.273，基准面　01.274

DBA　数据库管理员　01.529

DBI　数据库集成程序　02.429

digital loop carrier　数字循环载体　02.497

digital map　数字地图　01.585

digital map layer　数字地图层　01.586

digital mapping　数字制图　02.500

digital map registration　数字地图配准　02.473

digital matrix　数字矩阵　01.597

digital mosaic　数字镶嵌　02.496

digital multiplexed interface　数字多路转换接口　02.475

digital number　数值　01.579

digital orthophoto quadrangle　数字正射影像图　02.499

digital photogrammetric system　数字摄影测量系统　01.598

digital photogrammetric workstation　数字摄影测量工作站　02.486

digital photogrammetry　数字摄影测量　02.485

digital raster graphic　数字栅格图　01.605

digital rectification　数字纠正　02.482

digital region　数字区域　01.606

digital signal　数字信号　01.602

digital simulation　数字模拟　02.484

digital surface model　数字表面模型　01.580

digital terrain model　数字地面模型　01.583

digital-to-analog conversion　数模转换　02.381

digital-to-analog converter　数模转换器　02.382

digital-to-analog device　数模转换装置　02.383

digitization　[地图]数字化　02.476

digitized image　数字化影像　01.594

digitized mapping　数字化测图　01.590

digitized video　数字化视频　01.591

digitizer　数字化仪　02.478

digitizer accuracy　数字化仪精度　01.593

digitizer resolution　数字化仪分辨率　01.592

digitizing edit　数字化编辑　02.487

digitizing tablet　数字化板　02.477

digitizing threshold　数字化阈值　01.595

digraph　有向图　01.745

dilution of precision　精度衰减因子，*精度因子　01.299

DIME　双重独立地图编码　02.134

DIP　数字图像处理　02.492，文件图像处理　02.572

directional filter　方向滤波器　02.144

directory　目录　01.384

discrete data　离散数据　01.340

distance correction in Gauss projection　高斯投影距离改正　02.171

distortion isogram　等变形线　01.076

distributed architecture　分布式结构　01.197

distributed computing environment　分布式计算环境　02.150

distributed database　分布式数据库　01.199

distributed database management system　分布式数据库管理系统　01.200

distributed data management　分布式数据管理　02.152

distributed data processing　分布式数据处理　02.151

distributed memory　分布式内存　01.198

distributed network system　分布式网络系统　01.201

distributed processing　分布式处理　02.148

distributed processing network　分布式处理网络　02.149

distributed relational database architecture　分布式关系数据库结构　01.196

distributed system　分布式系统　01.202

district coding　地区编码　02.100

disturbed orbit　扰动轨道　01.410

DLG　数字线划图　02.493，数字线划图数据格式　02.494

DLL　动态链接库　01.172

DLM　数字景观模型　01.596

DML　数据操作语言　01.487

DMRS　数据管理和检索系统　01.504

DMS　数据管理系统　01.507

DN　数值　01.579

DNS　分布式网络系统　01.201

document　文档　01.679

documentation　文件编制　02.565

document file　文档文件　01.680

document-file icon　文档文件图标　01.681

document image processing　文件图像处理　02.572

document reader　文件阅读器　02.574

document window　文档窗口　01.682

DOM　数字正射影像图　02.499

DOP　精度衰减因子，*精度因子　01.299

dot per inch　点每英寸　01.162

double precision　双精度　01.609

dpi　点每英寸　01.162

3D point cloud　三维点云　02.351

DPS　数字摄影测量系统　01.598

DPW　数字摄影测量工作站　02.486

draft　草图　01.034

drafting 草绘，*草拟 02.050

drape 贴加 02.514

DRDA 分布式关系数据库结构 01.196

DRG 数字栅格图 01.605

drum plotter 滚筒式绘图仪 02.190

drum scanner 滚筒式扫描仪 02.191

DSM 数字表面模型 01.580

DSS 决策支持系统 01.308

3D surface model 三维表面模型 01.419

DTM 数字地面模型 01.583

dual independent map encoding 双重独立地图编码 02.134

duobinary coding 双二进制编码 02.502

DXF 数字交换格式 02.481

dynamic data exchange 动态数据交换 02.131

dynamic link library 动态链接库 01.172

E

earth ellipsoid 地球椭球体 01.123

earth-fixed coordinate system 地固坐标系 01.085

earth gravity model 地球重力模型 01.124

earth observation data management system 对地观测数据管理系统 02.132

earth observation satellite 对地观测卫星 02.133

earth observation system 对地观测系统 01.174

earth resources information system 地球资源信息系统 02.099

earth resources observation system 地球资源观测系统 02.097

Earth Resources Technology Satellite 地球资源技术卫星，*陆地卫星 02.098

earth satellite thematic sensing 地球卫星专题遥感 02.096

earth synchronous orbit 地球同步轨道 01.122

ECDB 电子海图数据库 01.166

ECDIS 电子海图显示信息系统 01.167

ecosystem 生态系统 01.430

edge 边线 01.013

edge crispening 轮廓增强 02.298

edge detection 边缘检测 02.019

edge detection filter 边缘检测滤波器 02.020

edge enhancement 边缘增强 02.023

edge fitting method 边缘拟合法 02.021

edge join 边界连接 02.018

edge matching [图幅]接边 02.249

edit 编辑 02.024

editor 编辑器 02.025

edit verification 编辑校核 02.026

EIA 环境影响评价 02.209

eigenvalue 特征值 01.623

eigenvector 特征矢量 01.622

EIS 环境影响研究 02.210

electromechanical sensor 机电传感器 02.216

electronic bearing 电子测量方位 01.163

electronic chart 电子海图 01.165

electronic chart and display information system 电子海图显示信息系统 01.167

electronic chart database 电子海图数据库 01.166

electronic drawing tablet 电子绘图板 02.124

electronic engraver 电子刻图机 02.125

electronic imaging system 电子成像系统 02.122

electronic map 电子地图 01.164

electronic publishing system 电子出版系统 02.123

elevation 高程 01.220

embedded SQL 嵌入式结构化查询语言 01.402

encapsulation 封装 02.160

enclosing rectangle 最小外接四边形 02.663

encoded data string 编码数据串 02.031

encoding 编码 02.027

encoding model 编码模型 02.030

encoding process 编码处理 02.028

encoding rule 编码规则 01.016

encoding schema 编码模式 02.029

end of file 文件结束标志 01.686

end of line 行结束标志 01.715

end point 终点 01.770

end user 最终用户 01.800

engineering coordinate system 工程坐标系 01.236

enhanced imagery 增强图像 01.757

enhanced mode 增强模式 02.624

enhanced thematic mapper 增强型专题制图仪 02.625

entity 实体 01.454

entity attribute 实体属性 01.466

entity class 实体类 01.462

entity instance　实体实例　01.465

entity model　实体模型　01.464

entity object　实体对象　01.456

entity point　实体点　01.455

entity relationship　实体关系　02.369

entity relationship approach　实体关系方法　02.370

entity relationship data model　实体关系数据模型　01.458

entity relationship diagram　实体关系图　01.459

entity relationship model　实体关系模型，∗ E-R 模型　01.457

entity relationship modeling　实体关系建模　02.371

entity set　实体集　01.460

entity set model　实体集模型　01.461

entity subtype　实体子类　01.467

entity type　实体类型　01.463

entropy　熵　01.423

entropy coding　熵编码　02.355

environment　环境　01.260

environmental analysis　环境分析　02.206

environmental assessment　环境评价　02.208

environmental capacity　环境容量　01.263

environmental data　环境数据　01.264

environmental database　环境数据库　01.265

environmental information　环境信息　01.266

environmental map　环境地图　01.261

environmental mapping data　环境制图数据　01.268

environmental planning　环境规划　02.207

environmental quality assessment　环境质量评价　02.211

environmental remote sensing　环境遥感　01.267

environmental resources information network　环境资源信息网　02.212

environmental science database　环境科学数据库　01.262

environment impact assessment　环境影响评价　02.209

environment impact study　环境影响研究　02.210

EODMS　对地观测数据管理系统　02.132

EOF　文件结束标志　01.686

EOL　行结束标志　01.715

EOS　对地观测系统　01.174

E-R　实体关系　02.369

ERD　实体关系图　01.459

ERIN　环境资源信息网　02.212

ERIS　地球资源信息系统　02.099

E-R model　实体关系模型，∗ E-R 模型　01.457

EROS　地球资源观测系统　02.097

ES　专家系统　01.785

Ethernet　以太网　02.598

ETM　增强型专题制图仪　02.625

event　事件　01.472

event time　事件时间　01.473

executable file　可执行文件　01.317

executable test suite　可执行测试套　01.316

execute　执行　02.631

expert system　专家系统　01.785

export　输出　02.376

extended color　扩展颜色　01.338

extensible markup language　可扩展置标语言，∗ 可扩展标记语言　01.315

F

facility　设施　02.358

facility data　设施数据　01.426

facility database　设施数据库　01.427

facility data management　设施数据管理　02.359

facility map　设施图　01.428

false color　假彩色　01.286

false color image　假彩色合成影像　02.239

feature　特征　01.617，要素　01.720

feature attribute　要素属性　01.723

feature code　特征码　01.619，要素[代]码　01.722

feature code menu　特征码清单　02.511

feature extraction　特征提取　02.512

feature identifier　特征标识符　01.618，要素标识码　01.721

feature selection　特征选择　02.513

federated database　联邦式数据库，∗ 邦联式数据库　02.284

field　字段　01.792

file　[计算机]文件　01.001，档案　01.074

file attribute　文件属性　01.691

file compression　文件压缩　02.573

file format　文件格式　01.683

file indexing　文件索引　01.689

file locking　文件锁定　02.571

file management　文件管理　02.570

file manager system　文件管理系统　01.684

file name　文件名　01.687

file name extension　文件扩展名　01.688

file server　文件服务器　02.568

file server protocol　文件服务器协议　02.569

file structure　文件结构　01.685

file system　文件系统　01.690

file transfer　文件传输　02.566

file transfer protocol　文件传输协议　02.567

filtering　滤波　02.296

fixed-length record format　定长记录格式　01.169

flag　标记　01.018

format　格式　01.227

format conversion　格式转换　02.178

formatting　格式化　02.177

foundation data　基础数据　02.219

foundation feature data　基础要素数据　01.272

fractal　分维　01.195

fractional map scale　分数地图比例尺　01.209

frequency band　频段，＊频带　01.396

［frequency］bandwidth　带宽，＊频带宽度　01.395

frequency diagram　频率图　01.397

front projection　正投　02.629

FTP　文件传输协议　02.567

function　功能　01.239，函数　01.250

functional standard　实用标准　01.468

function language　函数语言　01.252

function library　函数库　01.251

fuzzy analysis　模糊分析　02.316

fuzzy classification method　模糊分类法　02.315

fuzzy concept　模糊概念　01.375

fuzzy tolerance　模糊容差　01.376

G

Galileo navigation satellite system　伽利略导航卫星系统　02.163

Gaussian coordinate　高斯坐标　02.174

Gaussian curvature　高斯曲率　01.225

Gaussian distribution　高斯分布，＊正态分布　01.224

Gaussian noise　高斯噪声　01.226

Gauss-Krüger coordinate　＊高斯–克吕格坐标　02.173

Gauss-Krüger projection　高斯–克吕格投影　02.172

Gauss plane coordinate　高斯平面坐标　02.173

gazetteer　地名录　01.120

GB　吉字节　01.400

GCOS　全球气候观测系统　02.340

GDBM　地理数据库管理　02.092

GDF　地理数据文件格式，＊GDF 格式　02.004

general purpose computer　通用计算机　02.516

genetic algorithm　遗传算法　01.725

geocoding　地理编码　02.084

geocoding system　地理编码系统　02.085

geodetic coordinate　大地坐标　01.067

geodetic reference system　大地［测量］参照系　01.066

geo-distribution　地理分布　02.087

geographically indexed file　地理索引文件　01.107

geographically referenced data　地理参照数据　01.091

geographical space　地理空间　02.088

geographic azimuth　地理方位角　01.094

geographic coding　地理编码　02.084

geographic coordinate　地理坐标　01.118

geographic data　地理数据　01.102

geographic database　地理数据库　01.104

geographic database category　地理数据库类别　01.105

geographic database management　地理数据库管理　02.092

geographic data file　地理数据文件　01.106

Geographic Data File　地理数据文件格式，＊GDF 格式　02.004

geographic data set　地理数据集　01.103

geographic direction　地理方向　01.095

geographic feature　地理要素　01.116

geographic grid　地理格网　01.096

geographic identifier　地理标识符　01.090

geographic information　地理信息　01.112

geographic information analysis　地理信息分析　02.094

geographic information science　地理信息科学　01.114

geographic information service　地理信息服务　01.113

geographic information system　地理信息系统　01.115

geographic landscape　地理景观　01.099

geographic latitude 地理纬度 01.108

geographic longitude 地理经度 01.097

geographic markup language 地理置标语言，*地理标记语言 01.117

geographic parallel 地理纬圈 01.109

geographic position 地理位置 01.110

geographic query language 地理查询语言 01.092

geographic survey 地理调查 02.086

geographic vertical 地理经圈 01.098

geographic viewing distance 地理视距 01.101

geographic zone 地理带 01.093

geoinformatics 地球空间信息学 01.121

geo-information 地理空间信息，*地球空间信息 01.100

geo-information system 地学信息系统 01.158

geological remote sensing 地质遥感 02.120

geomatics 地球空间信息学 01.121

geometric primitive 几何基元 01.281

geometric rectification 几何校正 02.224

geometric registration 几何配准 02.223

geoprocessing 地学信息处理 02.117

georeference 地理[坐标]参照 01.088

georeference system 地理[坐标]参照系 01.089

geo-relational model 地理相关模型 01.111

geospatial framework 地理空间框架 02.089

geospatial information 地理空间信息，*地球空间信息 01.100

geospatial information infrastructure 地理空间信息基础设施 02.091

geospatial intelligence 地理空间情报 02.090

geostationary orbit 地球同步轨道 01.122

geostationary satellite *对地静止卫星 02.095

geostatistics 地理统计 02.093

geo-synchronous satellite 地球同步卫星 02.095

GeoTIFF 地理标志图像文件格式，*GeoTIFF 格式 02.005

GIF 图形交换格式，*GIF 格式 02.006

gigabyte 吉字节 01.400

GIS 地理信息系统 01.115

GKS 计算机图形核心系统 02.234

global climatic observation system 全球气候观测系统 02.340

Global Command and Control System 全球指挥与控制系统 02.342

global mapping 全球制图 02.008

global navigation satellite system 全球导航卫星系统 02.338

global ocean observation system 全球海洋观测系统 02.339

Global Orbiting Navigation Satellite System 全球轨道导航卫星系统 02.007

global positioning system 全球定位系统 01.405

GLONASS 全球轨道导航卫星系统 02.007

GML 地理置标语言，*地理标记语言 01.117

GNSS 全球导航卫星系统 02.338

GOOS 全球海洋观测系统 02.339

GPS 全球定位系统 01.405

GQL 地理查询语言 01.092

graph 图 01.637，图形 01.645

graphic 图形的，*图示的 02.552

graphical kernal system 计算机图形核心系统 02.234

graphic inquiry 图形查询 02.551

Graphic Interchange Format 图形交换格式，*GIF 格式 02.006

graphic manipulation 图形操作处理 02.550

graphic presentation 图形表示[法] 02.549

graphic variable 图形变量 01.646

graticule 地理坐标网 01.119

grid 格网 01.228

grid coordinate 格网坐标 01.234

grid data 格网数据 01.233

grid format 格网格式 01.232

grid GIS 网格地理信息系统 02.558

grid interval 网格间距 01.660

grid tick 格网标记 01.229

grid arc conversion 格网–弧段数据格式转换 02.180

grid to polygon conversion 格网–多边形数据格式转换 02.179

H

HDDT 高密度数字磁带 02.168

header file 头文件 01.634

header record 头记录 01.633

hexadecimal 十六进制[的] 01.432

hexadecimal number 十六进制数 01.433

hidden attribute 隐含属性 01.729

hidden line removal 隐藏线消除 02.600

hidden variable 隐含变量 01.728

hierarchical 层次的 01.036

hierarchical computer network 层次计算机网络 02.053

hierarchical database 层次数据库 01.040

hierarchical data model 层次数据模型 01.041

hierarchical data structure 层次数据结构 01.039

hierarchical file structure 层次文件结构 01.042

hierarchical model 层次模型 01.038

hierarchical sequence 层次序列 01.043

hierarchical spatial relationship 层次空间关系 01.037

high density digital tape 高密度数字磁带 02.168

high density diskette 高密磁盘 02.167

high frequency emphasis filtering 高频增强滤波 02.169

high-level language 高级语言 01.223

highpass filtering 高通滤波 02.175

high-performance workstation 高性能工作站 02.176

histogram 直方图 01.765

histogram adjustment 直方图调整 02.632

histogram equalization 直方图均衡[化] 02.634

histogram linearization 直方图线性化 02.636

histogram matching 直方图匹配 02.635

histogram normalization 直方图正态化 02.637

histogram specification 直方图规格化 02.633

historic record 历史记录 01.341

hole 内多边形 01.388

HTML 超文本置标语言,＊超文本标记语言 01.050

hue 色相,＊色调 01.422

Huffman code 霍夫曼编码 02.214

Huffman transformation 霍夫曼变换 02.215

human computer interaction 人机交互 02.349

human computer interface 人机界面 01.412

hypergraph 超图 01.048

hypermedia 超媒体 01.047

hyperspectrum 高光谱,＊超光谱 01.222

hypertext 超文本 01.049

hypertext markup language 超文本置标语言,＊超文本标记语言 01.050

hypsometric map 地势图 01.126

I

icon 图标 01.638

IGOS 全球综合观测系统 02.343

image 影像 01.733

image analysis 图像分析 02.534

image classification 图像分类 02.533

image coding 图像编码 02.525

image contrast 图像反差 02.531

image data collection 图像数据采集 02.542

image data compression 图像[数据]压缩 02.524

image data retrieval 图像数据检索 02.544

image data storage 图像数据存储 02.543

image degradation 图像衰减,＊图像退化 02.545

image directory 图像目录,＊影像目录 01.644

image display system 图像显示系统 02.546

image enhancement 图像增强 02.548

image feature 影像特征 01.734

image fusion 影像融合 02.607

image interpretation 影像判读,＊图像判读 02.606

image I/O system 图像输入输出系统 02.541

image matching 图像匹配 02.537

image-motion compensation 像移补偿 02.579

image processing 图像处理 02.527

image processing facility 图像处理设备 02.528

image processing system 图像处理系统 02.529

image rectification 图像校正 02.547

image registration 图像配准 02.536

image restoration 图像复原 02.535

imagery 影像 01.733, 图像 01.643

imagery intelligence 图像情报 02.539

image scanner 影像扫描仪 02.608

image segmentation 图像分割 02.532

image sharpening 图像锐化 02.540

image smoothing 图像平滑 02.538

image storage system 图像存储系统 02.530

image transformation 图像变换 02.526

imaging radar 成像雷达 02.061

imaging spectrometer 成像光谱仪 02.060

imaging system 成像系统 02.062

IMC 像移补偿 02.579

IMS 信息管理系统 01.707

index 索引 01.615

index contour 计曲线 01.282

indexed non-sequential file 倒排索引文件 01.075

indexed sequential file 顺序索引文件 01.611

index map 索引图 01.616

inference engine 推理机 02.553

information collection 信息采集 02.583

information content 信息内容 02.587

information extraction 信息提取 02.589

information management 信息管理 02.586

information management system 信息管理系统 01.707

information rate 信息率 01.713

information retrieval system 信息检索系统 01.709

information safety 信息安全 01.706

information science 信息科学 01.711

information security 信息安全 01.706

information service 信息服务 02.584

information sharing 信息共享 02.585

information structure 信息结构 01.710

information system 信息系统 01.714

information technology 信息技术 01.708

information view 信息视图 02.588

infrared imagery 红外图像 02.200

input 输入 02.377

input data 输入数据 02.380

input device 输入设备 02.378

input/output 输入输出 02.379

insert 插入 02.056

integrated database management system 集成数据库管理系统 01.278

integrated data layer 集成数据层 01.277

integrated geographical information system 集成地理信息系统 01.275

integrated global observation system 全球综合观测系统 02.343

integrated information system 集成信息系统 01.279

integrated spatial system 集成空间信息系统 01.276

intelligence discipline 情报门类 02.336

intensity 亮度 01.349

interactive 交互 02.244

interactive editing 交互式编辑 02.246

interactive graphics 交互式制图 02.248

interactive mode 交互模式 02.245

interactive processing 交互式处理 02.247

interchange format 交换格式 01.291

intermediate contour line 间曲线 01.287

internal database file 内部数据库文件 01.385

internal data model 内部数据模型 01.386

interoperability 互操作[性] 01.259

interpolation 内插, *插值法 02.327

inverse cylindrical orthomorphic map projection 横圆柱正形地图投影 02.198

inverse Mercator map projection 横轴墨卡托投影 02.199

I/O 输入输出 02.379

isarithmic line 等值线 01.080

isarithmic map 等值线图 01.081

isobath 等深线 01.078

IT 信息技术 01.708

J

Java DataBase Connectivity Java 数据库连接 02.009

JDBC Java 数据库连接 02.009

joint force 联合部队 02.285

joint force commander 联合部队司令 02.286

joint intelligence preparation of the operational environment 作战环境联合情报准备 02.664

Joint Operation Planning and Execution System 联合作战行动计划和执行系统 02.288

Joint Photographic Experts Group Format 联合图像专家

组格式，∗JPEG 格式　02.010
Joint Worldwide Intelligence Communications System　联合

全球情报通信系统　02.287
JPEG　联合图像专家组格式，∗JPEG 格式　02.010

K

L

M

map generalization　地图综合　02.113

map grid　地图格网　01.131

map join　图幅拼接　02.522

map legend　图例　01.642

map lettering　地图注记　02.112

map matching　地图匹配　02.108

map origin　地图坐标原点　01.147

map overlay　地图叠置　02.104

map overlay analysis　地图叠置分析　02.105

mapping　测图　02.052

map projection　地图投影　01.139

map projection classification　地图投影分类　01.140

map query　地图查询　02.103

map scale　地图比例尺　01.128

map series　地图系列　01.142

map service　地图服务　01.130

map specification　地图规范　01.132

MB　兆字节，*百万字节　01.008

measurement and signature intelligence　测量与特征情报　02.051

media　介质　01.297

megabyte　兆字节，*百万字节　01.008

memory management unit　内存管理单元　01.387

menu　选单，*菜单　01.031

menu bar　选单条，*菜单条　02.048

menu box　选单盒，*菜单盒　02.046

menu button　选单按钮，*菜单按钮　02.045

menu controlled program　选单控制程序，*菜单控制程序　02.047

metadata　元数据　01.749

metadata data set　元数据集　01.750

metadata element　元数据元素　01.752

metadata entity　元数据实体　01.751

metadata schema　元数据模式　02.616

microfilm　缩微胶片　01.614

minimum access time　最少存取时间，*最少访问时间　02.661

minimum distance classification　最短距离分类　02.662

minimum mapping unit　最小制图单元　01.799

MIS　管理信息系统　01.246

mode　模式　01.378

model　模型　01.379

model base　模型库　02.322

model generator　模型生成器　02.323

modeling　建模　02.242

modular software　模块化软件　02.317

module　模块　01.377

Morton index　莫顿数　02.324

Morton key　莫顿数　02.324

Morton number　莫顿数　02.324

mosaic　镶嵌　02.578

MSS　多谱段扫描仪，*多光谱扫描仪　02.139

multimedia　多媒体　01.179

multi-source data　多源数据　01.183

multi-spectral scanner　多谱段扫描仪，*多光谱扫描仪　02.139

multi-user　多用户　01.180

multi-user operating system　多用户操作系统　01.181

multivariate data　多元数据　01.182

N

national spatial information infrastructure　国家空间信息基础设施　02.194

national system for geospatial intelligence　国家地理空间情报系统　02.193

navigation system timing and ranging　时距导航系统　02.363

NAVSTAR　时距导航系统　02.363

neighborhood analysis　邻域分析　02.292

network　网络　01.661

network analysis　网络分析　02.559

network data　网络数据　01.664

network database　网络数据库　01.665

network GIS　网络地理信息系统　01.662

network protocol　网络协议　02.560

network structure　网络结构　01.663

network topology　网络拓扑　01.666

neural network algorithm　神经网络算法　02.361

neutral network　神经网络　01.429

node　结点　01.295

node snap　结点吻合　02.252

non-graphic data　非图形数据　01.193

non-semantic information　非语义信息　01.194

non-spatial data 非空间数据 01.192

O

object 对象 01.175, 目标 01.380

object linking and embedding 对象链接和嵌入 02.135

object-oriented 面向对象 02.308

object-oriented database management system 面向对象数据库管理系统 01.369

object-oriented design 面向对象程序设计 02.310

object-oriented programming 面向对象编程 02.309

object-oriented programming language 面向对象程序设计语言 01.367

object-oriented relational database 面向对象关系数据库 01.368

object program 目标程序 02.325

object spectral characteristic 地物波谱特性 01.148

octal code 八进制码 01.007

octree 八叉树 01.006

ODBC 开放数据库连接 02.263

OGIS 开放性地理数据互操作规范 02.265

OLE 对象链接和嵌入 02.135

one-to-many 一对多 02.596

on-line 在线 02.621

on-line access 在线访问 02.623

on-line help 联机帮助 02.289

on-line query 在线查询 02.622

OO 面向对象 02.308

OOD 面向对象程序设计 02.310

OODBMS 面向对象数据库管理系统 01.369

OOP 面向对象编程 02.309

OOPL 面向对象程序设计语言 01.367

Open Database Connectivity 开放数据库连接 02.263

open geodata interoperability specification 开放性地理数据互操作规范 02.265

open geographic information system 开放式地理信息系统 01.311

Open GIS 开放式地理信息系统 01.311

open system environment 开放系统环境 01.312

open systems interconnection 开放系统互联 02.264

operating system 操作系统 01.033

optical image processing 光学图像处理 02.186

ordinal reference system 有序参照系 01.747

ordinal time scale 有序时间标度 01.748

orthophotograph 止射像片 01.764

orthophoto map 正射影像地图 01.607

OS 操作系统 01.033

OSE 开放系统环境 01.312

OSI 开放系统互联 02.264

outlier 异常值 01.727

outline map 略图 01.357

overlaid polygon 重叠多边形 02.642

overlap 重叠 02.641

overlapping pair 重叠像对 02.643

overlay 叠加, *叠置 02.126

overshoot 过伸, *过界, *越界 02.195

overview 快视 02.280

P

package 包 01.009

page reader 页面阅读器 02.595

pan 漫游 02.304, 平移 02.333

panchromatic 全色的 01.406

parallel communication 并行通信 02.037

parallel processing 并行处理 02.036

parameter 参数 01.032

parameter estimation 参数估计 02.049

parent node 父结点 01.212

passive sensor 被动[式]传感器 02.017

pattern 图样 01.647, 模式 01.378

pattern recognition 模式识别 02.319

percentage correctly classified 分类正确率 01.207

photoelectricity 光电 02.188

photograph 像片 01.696

photo interpretation 像片判读 01.697

pixel 像元, *像素 01.698

planning factor database 计划因子数据库 02.225

plot 图 01.637

point 点 01.161

point-in-polygon operation　多边形内点判断　02.138

polygon　多边形　01.176

polygon overlay　多边形叠加，＊多边形叠置　02.136

polygon retrieval　多边形检索　02.137

positional accuracy　位置准确度，＊位置精度　01.671

postcode　邮政编码　01.744

precision　精[密]度　01.298

precision processing　精处理　02.257

primary color　原色　01.753

primitive　基元，＊图元　01.073

principal scale　主比例尺　01.772

processing　处理　02.065

product specification　产品规范　01.046

profile　地形剖面　01.152，剖面　02.335

prototype　原型　01.754

proximity analysis　邻近分析　02.291

pseudocolor　＊伪彩色　01.286

pseudoscopic　反视立体　01.187

Q

Q-tree　四叉树　01.612

quadtree　四叉树　01.612

qualitative　定性的　02.129

quantitative　定量的　02.128

query　查询，＊检索　02.057

R

radar　雷达　02.282

random access　随机访问　02.506

random sampling　随机抽样　02.505

raster　栅格　01.758

raster data　栅格数据　01.759

raster data structure　栅格数据结构　01.760

raster layer　＊栅格图层　01.141

real time　实时　02.367

real time positioning　实时定位　02.368

rear projection　背投　02.016

rectification　校正　02.581

redundancy　冗余　01.418

re-entrant polygon　凹多边形　01.005

relational database　关系数据库　01.244

relative positioning　相对定位　02.577

relief map　地势图　01.126

remote communication　远程通信　02.618

remote sensing　遥感　01.719

remote sensing image processing　遥感图像处理　02.594

resampling　重采样　02.640

RGB monitor　彩色监视器　02.044

root node　根结点　01.235

route　路径　01.356

route analysis　路径分析　02.297

rubber sheeting　橡皮拉伸　02.580

run-length coding　游程编码　02.614

S

sampling　抽样　01.058，采样　02.041

sampling density　采样密度　01.030

sampling interval　采样间隔　01.029

sampling schema　采样模式，＊抽样模式　02.042

satellite image　卫星影像　01.667

satellite navigation system　卫星导航系统　02.561

Satellite Pour l'Observation de la Terre　法国地球观测卫星　02.140

saturation　饱和度　02.014

scale bar　比例尺条　01.010

scanner　扫描仪　02.353

scanning　扫描　02.352

schema　模式　01.378

screen copy　屏幕拷贝　02.334

SDE　空间数据库引擎　02.277

SDI　空间数据基础设施　01.327

SDTS　空间数据转换标准　01.329

search　查询，＊检索　02.057

segment　[线]段　01.003

serial communication　串行通信，＊序列式通信

02.067

set function 集[合]函数 01.280

SGML 标准通用置标语言 01.630

share 共享 02.185

shortest path tracing algorithm 最短路径跟踪算法 02.660

shortest route 最短路径 01.798

SIF 标准交换格式 01.019

simulation 模拟 02.318

single point positioning 单点定位 02.075

single precision 单精度 01.072

slice 片 01.393

slicing 分片 02.158

sliver polygon 破碎多边形，*无意义多边形 01.398

solid 体 01.624

sort 排序 02.328

space 空间 01.319

spatial attribute 空间属性 01.333

spatial correlation 空间相关 01.331

spatial data 空间数据 01.326

Spatial Database Engine 空间数据库引擎 02.277

spatial data infrastructure 空间数据基础设施 01.327

spatial data mining 空间数据挖掘 02.278

spatial data structure 空间数据结构 01.328

spatial data transfer standard 空间数据转换标准 01.329

spatial dimension 空间维 01.330

spatial domain 空间域 01.332

spatial filtering 空间滤波 02.276

spatial indexing 空间索引 02.279

spatial modeling 空间建模 02.275

spatial object 空间目标 01.325

spatial query 空间查询 02.274

spatial reference system 空间参照系 01.320

spatial resolution 空间分辨率 01.323

spatial scale 空间尺度 01.321

spatial structured query language 空间结构化查询语言 01.324

spatial unit 空间单元 01.322

spatio-temporal data 时空数据 01.441

spatio-temporal database 时空数据库 01.442

spatio-temporal element 时空元素 01.446

spatio-temporal model 时空数据模型 01.443

spatio-temporal query 时空查询 02.364

spatio-temporal reasoning 时空推理 01.444

spatio-temporal semantics 时空语义 01.445

spectral signature 光谱信号 01.247

SPOT 法国地球观测卫星 02.140

spread analysis function 扩散分析功能 02.281

spread function 扩散函数 01.337

SQL 结构化查询语言 01.296

SSQL 空间结构化查询语言 01.324

standard general markup language 标准通用置标语言 01.630

standard interchange format 标准交换格式 01.019

start point 起点 01.399

static positioning 静态定位 02.258

statistical analysis 统计分析 02.521

statistics 统计 02.520

stereo 立体 01.342

stream mode digitizing 流式数字化 02.295

street centerline 街道中心线 01.293

string 字符串 01.794

structured query language 结构化查询语言 01.296

subtractive primary colors 减色法三原色 01.288

surface 表面 01.020

surface model 表面模型 01.021

sustainable development 可持续发展 01.313

symbol 符号 01.211

symbolization 符号化 02.161

synchronous communication 同步通信 02.519

T

tablet coordinates 数字化仪坐标 02.480

tablet menu 数字化仪选单，*数字化仪菜单 02.479

tag 标记 01.018

tagged image file format 标志图像文件格式，*TIFF 格式 02.011

tagging 加注标记 02.240

target 目标代码 01.381

target area 目标区 01.383

target point 目标点 01.382

TB 太字节，*万亿字节 01.659

TCP/IP 传输控制/网际协议，＊TCP/IP 协议 02.066

teleprocessing 远程信息处理 02.619

telnet 远程登录 02.617

temporal accuracy 时间精度，＊时间准确度 01.437

temporal attribute 时态属性 01.452

temporal characteristic 时态特征 01.450

temporal coordinate 时态坐标 01.453

temporal database 时态数据库 01.448

temporal data model 时态数据模型 01.449

temporal dimension 时间维 01.440

temporal element 时态元素 01.451

temporal GIS 时态地理信息系统 02.365

temporal reference system 时间参照系 01.435

temporal relationship 时态关系 02.366

temporal resolution 时间分辨率 01.436

temporal scale 时态尺度，＊时间尺度 01.447

terabyte 太字节，＊万亿字节 01.659

terminating node 终结点 01.771

terrain 地形 01.149

terrain analysis 地形分析 02.114

terrain correction 地形改正 02.116

terrain emboss 地形浮雕 02.115

terrain factor 地形因子 01.157

terrain feature 地形特性 01.154

terrain information 地形信息 01.156

terrain model 地形模型 01.151

tessellation data model 镶嵌式数据模型 01.695

text 文本 01.672

text attribute 文本属性 01.678

text data 文本数据 01.676

text object 文本对象 01.674

text rectangle 文本框 01.675

text style 文本样式 01.677

text window 文本窗口 01.673

thematic atlas of remote sensing 遥感专题图 02.154

thematic attribute 专题属性 01.787

thematic map 专题[地]图 01.786

thematic mapper 专题制图仪 02.649

thematic mapping 专题制图 02.648

Thiessen polygon 泰森多边形 02.509

tic 配准控制点 01.391

TIFF 标志图像文件格式，＊TIFF 格式 02.011

TIGER 拓扑统一地理编码格式 01.658

tile [数据]块 01.002

tiling 分块 02.155

time data type 时间数据类型 01.439

time granularity 时间粒度 01.438

time stamp 时间标记，＊时间戳 01.434

TIN 不规则三角网 01.027

TIS 交通信息系统 01.292

TM 专题制图仪 02.649

tolerance 容差 01.417

topographical database 地形数据库 01.153

topographic analysis 地形分析 02.114

topographic map 地形图 01.155

topography 地形测量学 01.150

topological coding 拓扑编码 02.554

topological data 拓扑数据 01.655

topological data model 拓扑数据模型 01.657

topological data structure 拓扑数据结构 01.656

topologically integrated geographic encoding and referencing 拓扑统一地理编码格式 01.658

topologically linked database 拓扑关联数据库 01.650

topologically structured data 拓扑结构化数据 01.654

topological overlay 拓扑叠加 02.555

topological primitive 拓扑基元 01.652

topological relationship 拓扑关系 01.651

topological structure 拓扑结构 01.653

topology 拓扑[学] 01.649

track 跟踪 02.181

transactional database 事务处理数据库 01.475

transaction log 事务处理记录 01.474

transaction time 事务时间 02.373

Transmission Control Protocol/Internet Protocol 传输控制/网际协议，＊TCP/IP 协议 02.066

transportation information system 交通信息系统 01.292

traversal method 遍历法 02.035

triangulated irregular network 不规则三角网 01.027

trusted geospatial information 可靠的地理空间信息 02.267

U

UCS　用户坐标系　01.743

UFD　用户文件目录　01.741

UGIS　城市地理信息系统　01.051

UML　通用建模语言　01.628

uncertainty　不确定性　01.028

undershoot　未及　02.562

unified customer interface　统一用户界面，*统一用户接口　01.631

unified modeling language　通用建模语言　01.628

uniform resource locator　统一资源定位器　01.632

universe of discourse　论域　01.358

update　更新　02.182

upgrade　升级　02.362

upload　上传，*上载　02.356

upstream　上行数据流　02.357

urban geographic information system　城市地理信息系统　01.051

URL　统一资源定位器　01.632

user　用户　01.735

user coordinate system　用户坐标系　01.743

user-defined time　用户定义时间　02.609

user file directory　用户文件目录　01.741

user-ID　用户标识码　01.736

user identification code　用户识别代码　01.740

user identifier　用户标识码　01.736

user interface　用户界面　01.739

user requirements analysis　用户需求分析　02.612

user work area　用户工作区　01.738

utility information system　公共设施信息系统　01.238

utility network map　公共设施网络地图　01.237

V

validation　验证　02.593

validity　有效性　01.746

valid time　有效时间　02.615

value adding　增值处理　02.626

variance　方差　01.188

vector　矢量　01.469

vector data　矢量数据　01.470

vector data structure　矢量数据结构　01.471

vector layer　*矢量图层　01.141

vector product format　［美国］矢量产品格式　02.003

vector-to-raster conversion　矢量–栅格转换　02.372

verification　确认　02.345

versatile data structure　通用数据结构　01.629

version management　版本管理　02.013

vertex　折点，*顶点　01.763

VGA　视频图形阵列［适配器］　02.375

video capture　视频获取　02.374

video graphic array　视频图形阵列［适配器］　02.375

viewpoint　视点，*观察点　01.476

viewport　视口，*视见区　01.477

viewshed analysis　可视域分析　02.271

virtual map　虚拟地图　01.717

virtual memory　虚拟内存　02.590

virtual reality　虚拟现实　01.718

virtual terminal　虚拟终端机　02.591

visibility analysis　可视性分析，*通视性分析　02.270

visual analysis　可视化分析　02.269

visual interpretation　目视判读　02.326

visualization　可视化　02.268

visualization in scientific computing　科学计算可视化　02.266

Voronoi diagram　*冯罗诺图　02.509

VPF　［美国］矢量产品格式　02.003

W

WAN　广域网　02.189
wavelength　波长　01.022
web GIS　万维网地理信息系统　02.557
wide area network　广域网　02.189

workstation　工作站　02.183
world wide web　万维网　02.556
WWW　万维网　02.556
XML　可扩展置标语言，＊可扩展标记语言　01.315

Y

yaw angle　偏航角　01.394

y-tilt　航向倾角　01.254

Z

zenith distance　天顶距　01.626
zipcode　邮政编码　01.744
zone　带　01.071
zone of interpolation　［地表模型］内插区　02.080

zoom　缩放　02.507
zoom in　放大　02.147
zoom out　缩小　02.508

汉 英 索 引

A

案例库　case base　02.012

凹多边形　re-entrant polygon, concave polygon　01.005

B

八叉树　octree　01.006

八进制码　octal code　01.007

＊百万字节　megabyte, MB　01.008

版本管理　version management　02.013

＊邦联式数据库　federated database　02.284

包　package　01.009

饱和度　saturation　02.014

北斗卫星定位系统　Beidou satellite positioning system　02.015

背投　rear projection　02.016

被动[式]传感器　passive sensor　02.017

比例尺条　scale bar　01.010

比特　bit　01.011

＊边界　boundary　01.300

边界连接　edge join　02.018

边框　border box　01.012

边线　edge　01.013

边缘　border　01.014

边缘弧　border arc　01.015

边缘检测　edge detection　02.019

边缘检测滤波器　edge detection filter　02.020

边缘拟合法　edge fitting method　02.021

边缘匹配　border matching　02.022

边缘增强　edge enhancement　02.023

编辑　edit　02.024

编辑校核　edit verification　02.026

编辑器　editor　02.025

编码　coding, encoding　02.027

编码处理　encoding process　02.028

编码规则　encoding rule　01.016

编码模式　encoding schema　02.029

编码模型　encoding model　02.030

编码数据串　encoded data string　02.031

编译　compilation　02.032

编译器　compiler　02.033

编译语言　compiler language　01.017

变化检测　change detection　02.034

遍历法　traversal method　02.035

＊标定　calibration　02.582

标记　flag, tag　01.018

标志图像文件格式　tagged image file format, TIFF　02.011

标准交换格式　standard interchange format, SIF　01.019

标准通用置标语言　standard general markup language, SGML　01.630

表面　surface　01.020

表面模型　surface model　01.021

并行处理　parallel processing　02.036

并行通信　parallel communication　02.037

波长　wavelength　01.022

波段　band　01.023

波段比　band ratio　01.024

波特率　baud rate　01.025

不闭合多边形　leaking polygon　01.026

不规则三角网　triangulated irregular network, TIN　01.027

不确定性　uncertainty　01.028

布尔表达式　Boolean expression　02.038

布尔运算符　Boolean operators　02.039

C

采集 capture 02.040

采样 sampling 02.041

采样间隔 sampling interval 01.029

采样密度 sampling density 01.030

采样模式 sampling schema 02.042

彩色合成 color composite 02.043

彩色监视器 RGB monitor, color monitor 02.044

彩色增强 color enhancement 02.054

*菜单 menu 01.031

*菜单按钮 menu button 02.045

*菜单盒 menu box 02.046

*菜单控制程序 menu controlled program 02.047

*菜单条 menu bar 02.048

参数 parameter 01.032

参数估计 parameter estimation 02.049

操作系统 operating system, OS 01.033

草绘 drafting 02.050

*草拟 drafting 02.050

草图 draft 01.034

测量与特征情报 measurement and signature intelligence 02.051

测图 mapping 02.052

层 layer 01.035

层次的 hierarchical 01.036

层次计算机网络 hierarchical computer network 02.053

层次空间关系 hierarchical spatial relationship 01.037

层次模型 hierarchical model 01.038

层次数据结构 hierarchical data structure 01.039

层次数据库 hierarchical database 01.040

层次数据模型 hierarchical data model 01.041

层次文件结构 hierarchical file structure 01.042

层次细节模型 level of detail, LOD 02.055

层次序列 hierarchical sequence 01.043

层文件 layer file 01.044

插入 insert 02.056

*插值法 interpolation 02.327

差值图像 difference image 01.045

查询 query, search 02.057

产品规范 product specification 01.046

长事务 long transaction 02.058

*超光谱 hyperspectrum 01.222

超媒体 hypermedia 01.047

超图 hypergraph 01.048

超文本 hypertext 01.049

*超文本标记语言 hypertext markup language, HTML 01.050

超文本置标语言 hypertext markup language, HTML 01.050

成本-效益分析 cost-benefit analysis 02.059

成像光谱仪 imaging spectrometer 02.060

成像雷达 imaging radar 02.061

成像系统 imaging system 02.062

城市地理信息系统 urban geographic information system, UGIS 01.051

重采样 resampling 02.640

重叠 overlap 02.641

重叠多边形 overlaid polygon 02.642

重叠像对 overlapping pair 02.643

抽象 abstraction 02.063

抽象测试方法 abstract test method 02.064

抽象测试模块 abstract test module 01.052

抽象测试套[件] abstract test suite 01.053

抽象测试项 abstract test case 01.054

抽象程度 abstraction level 01.055

抽象世界 abstract universe 01.056

抽象数据类型 abstract data type, ADT 01.057

抽样 sampling 01.058

*抽样模式 sampling schema 02.042

稠密数据 dense data 01.059

处理 processing 02.065

传输控制/网际协议 Transmission Control Protocol/ Internet Protocol, TCP/IP 02.066

串行通信 serial communication 02.067

粗码 coarse acquisition code, C/A code 01.060

存档 archiving 02.068

*存取 access 02.146

存取安全性 access security 01.061

存取方法 access method 02.069

存取技术　access technology　02.070

存取控制　access control　02.071

存取类型　access type　01.062

存取路径　access path　01.063

存取目录　access directory　01.064

存取权限　access right　01.065

存取[权限]分组　access group　02.072

存取时间　access time　02.073

D

大地[测量]参照系　geodetic reference system　01.066

大地坐标　geodetic coordinate　01.067

大气窗[口]　atmospheric window　01.068

大气吸收　atmospheric absorption　02.074

代码　code　01.069

代数模型　algebraic model　01.070

带　zone　01.071

带宽　[frequency] bandwidth　01.395

单点定位　single point positioning　02.075

单精度　single precision　01.072

单元自动演化[算法]　cellular automata　02.076

档案　archive, file　01.074

倒排索引文件　indexed non-sequential file　01.075

[德国]官方地形制图信息系统　Authoritative Topo-graphic Cartographic Information System, ATKIS　02.001

登录　login, logon　02.077

等变形线　distortion isogram　01.076

等高线　contour　01.077

等深线　isobath　01.078

等值区域图　choroplethic map　01.079

等值线　contour, isarithmic line　01.080

等值线生成　contouring　02.078

等值线图　isarithmic map, contour chart　01.081

低通滤波　lowpass filtering　02.079

笛卡儿积　Cartesian product　01.082

笛卡儿坐标系　Cartesian coordinate　01.083

*底图　base map　01.271

[地表模型]内插区　zone of interpolation　02.080

地方坐标系　local coordinate system　01.084

地固坐标系　earth-fixed coordinate system　01.085

地籍　cadastre　01.086

*地籍测量　cadastral survey　02.081

地籍调查　cadastral survey　02.081

地籍管理　cadastral management　02.082

地籍图　cadastral map　01.087

地籍制图　cadastral mapping　02.083

地理编码　geocoding, geographic coding　02.084

地理编码系统　geocoding system　02.085

*地理标记语言　geographic markup language, GML　01.117

地理标识符　geographic identifier　01.090

地理标志图像文件格式　GeoTIFF　02.005

地理参照数据　geographically referenced data　01.091

地理查询语言　geographic query language, GQL　01.092

地理带　geographic zone　01.093

地理调查　geographic survey　02.086

地理方位角　geographic azimuth　01.094

地理方向　geographic direction　01.095

地理分布　geo-distribution　02.087

地理格网　geographic grid　01.096

地理经度　geographic longitude　01.097

地理经圈　geographic vertical　01.098

地理景观　geographic landscape　01.099

地理空间　geographical space　02.088

地理空间框架　geospatial framework　02.089

地理空间情报　geospatial intelligence　02.090

地理空间信息　geospatial information, geo-information　01.100

地理空间信息基础设施　geospatial information infrastructure　02.091

地理视距　geographic viewing distance　01.101

地理数据　geographic data　01.102

地理数据集　geographic data set　01.103

地理数据库　geographic database　01.104

地理数据库管理　geographic database management, GDBM　02.092

地理数据库类别　geographic database category　01.105

地理数据文件　geographic data file　01.106

地理数据文件格式　Geographic Data File, GDF　02.004

地理索引文件　geographically indexed file　01.107

地理统计　geostatistics　02.093

地理纬度　geographic latitude　01.108

地理纬圈　geographic parallel　01.109

地理位置　geographic position　01.110

地理相关模型　geo-relational model　01.111

地理信息　geographic information　01.112

地理信息分析　geographic information analysis　02.094

地理信息服务　geographic information service　01.113

地理信息科学　geographic information science　01.114

地理信息系统　geographic information system, GIS　01.115

地理要素　geographic feature　01.116

地理置标语言　geographic markup language, GML　01.117

地理坐标　geographic coordinate　01.118

地理[坐标]参照　georeference　01.088

地理[坐标]参照系　georeference system　01.089

地理坐标网　graticule　01.119

地名录　gazetteer　01.120

*地球空间信息　geospatial information, geo-information　01.100

地球空间信息学　geoinformatics, geomatics　01.121

地球同步轨道　earth synchronous orbit, geostationary orbit　01.122

地球同步卫星　geo-synchronous satellite　02.095

地球椭球体　earth ellipsoid　01.123

地球卫星专题遥感　earth satellite thematic sensing　02.096

地球重力模型　earth gravity model　01.124

地球资源观测系统　earth resources observation system, EROS　02.097

地球资源技术卫星　Earth Resources Technology Satellite　02.098

地球资源信息系统　earth resources information system, ERIS　02.099

地区编码　district coding　02.100

地区一览图　chorographic map　01.125

地势图　hypsometric map, relief map　01.126

地图　map　01.127

地图比例尺　map scale　01.128

地图编辑软件　cartographic editing software　02.101

地图变形　map distortion　02.102

地图查询　map query　02.103

地图代数　map algebra　01.129

地图叠置　map overlay　02.104

地图叠置分析　map overlay analysis　02.105

地图分析　cartographic analysis　02.106

地图服务　map service　01.130

地图格网　map grid　01.131

地图规范　map specification　01.132

地图接边　map adjustment　02.107

地图句法　cartographic syntax　01.210

地图匹配　map matching　02.108

地图容量　map capacity　01.133

地图设计　map design, cartographic design　02.109

地图数据　cartographic data　01.134

地图数据格式标准　cartographic data format standard　01.135

地图数据检索　map data retrieval　02.110

地图数据库管理系统　cartographic database management system　01.136

地图数据模型　cartographic data model　01.137

地图数据文件　map data file　01.138

[地图]数字化　digitization　02.476

地图投影　map projection　01.139

地图投影分类　map projection classification　01.140

地图图层　map coverage　01.141

地图系列　map series　01.142

地图信息　cartographic information　01.143

地图信息传输　cartographic communication　02.111

地图信息系统　cartographic information system　01.144

地图学　cartography　01.145

地图语言　cartographic language　01.783

地图语义　cartographic semantics　01.146

地图注记　lettering annotation, map lettering　02.112

地图综合　map generalization　02.113

地图坐标原点　map origin　01.147

地物波谱特性　object spectral characteristic　01.148

地形　terrain, landform　01.149

地形测量学　topography　01.150

地形分析　terrain analysis, topographic analysis　02.114

地形浮雕　terrain emboss　02.115

地形改正　terrain correction　02.116

地形模型　terrain model　01.151

地形剖面　profile　01.152

地形数据库　topographical database　01.153

地形特性　terrain feature　01.154

地形图　topographic map　01.155

地形信息　terrain information　01.156

地形因子　terrain factor　01.157

E

F

访问级[别] access level 01.191

*访问类型 access type 01.062

*访问路径 access path 01.063

*访问权 access right 01.065

放大 zoom in 02.147

非空间数据 non-spatial data 01.192

非图形数据 non-graphic data 01.193

非语义信息 non-semantic information 01.194

分布式处理 distributed processing 02.148

分布式处理网络 distributed processing network 02.149

分布式关系数据库结构 distributed relational database architecture, DRDA 01.196

分布式计算环境 distributed computing environment 02.150

分布式结构 distributed architecture 01.197

分布式内存 distributed memory 01.198

分布式数据处理 distributed data processing 02.151

分布式数据管理 distributed data management, DDM 02.152

分布式数据库 distributed database, DDB 01.199

分布式数据库管理系统 distributed database management system, DDBMS 01.200

分布式网络系统 distributed network system, DNS 01.201

分布式系统 distributed system 01.202

分层设色 altitude tinting 02.153

*分隔 delimitation 02.127

分级间距 class interval 01.203

分块 tiling 02.155

分块改正 block correction 02.156

分块记录 blocked record 02.157

分类规则 classification rule 01.204

*分类间距 class interval 01.203

分类图 classification map 01.205

分类影像 classified image 01.206

分类正确率 percentage correctly classified 01.207

*分配 allocation 01.390

分片 slicing 02.158

*分区量值地图 choroplethic map 01.079

分区密度地图 dasymetric map 01.208

分区统计图表法 chorisogram method 02.159

分数地图比例尺 fractional map scale 01.209

分维 fractal 01.195

封装 encapsulation 02.160

*冯罗诺图 Voronoi diagram 02.509

符号 symbol 01.211

符号化 symbolization 02.161

父结点 parent node 01.212

复合索引 composite index 02.162

复合指标 composite indicator 01.213

复杂表面 complex surface 01.214

复杂对象 complex object 01.215

复杂多边形 complex polygon 01.216

G

概念模式 conceptual schema 01.217

概念模式语言 conceptual schema language 01.218

概念模型 conceptual model 01.219

概念性数据模型 conceptual data model 02.165

高程 elevation, altitude 01.220

高度矩阵 altitude matrix 01.221

高光谱 hyperspectrum 01.222

高级地理空间情报 advanced geospatial intelligence 02.166

高级语言 high-level language 01.223

高密磁盘 high density diskette 02.167

高密度数字磁带 high density digital tape, HDDT 02.168

高频增强滤波 high frequency emphasis filtering 02.169

高斯分布 Gaussian distribution 01.224

高斯-克吕格投影 Gauss-Krüger projection 02.172

*高斯-克吕格坐标 Gauss-Krüger coordinate 02.173

高斯平面坐标 Gauss plane coordinate 02.173

高斯曲率 Gaussian curvature 01.225

高斯投影方向改正 arc-to-chord correction in Gauss projection 02.170

高斯投影距离改正 distance correction in Gauss projection 02.171

高斯噪声 Gaussian noise 01.226

高斯坐标 Gaussian coordinate 02.174

高通滤波 highpass filtering 02.175

高性能工作站 high-performance workstation 02.176

互补色地图　anaglyph map　01.258
互操作[性]　interoperability　01.259
互相关　cross-correlation　02.205
环境　environment　01.260
环境地图　environmental map　01.261
环境分析　environmental analysis　02.206
环境规划　environmental planning　02.207
环境科学数据库　environmental science database　01.262
环境评价　environmental assessment　02.208
环境容量　environmental capacity　01.263
环境数据　environmental data　01.264
环境数据库　environmental database　01.265
环境信息　environmental information　01.266

环境遥感　environmental remote sensing　01.267
环境影响评价　environment impact assessment，EIA　02.209
环境影响研究　environment impact study，EIS　02.210
环境制图数据　environmental mapping data　01.268
环境质量评价　environmental quality assessment　02.211
环境资源信息网　environmental resources information network，ERIN　02.212
缓冲区　buffer　02.213
*灰度分布　density gradient　01.364
*获取　capture　02.040
霍夫曼编码　Huffman code　02.214
霍夫曼变换　Huffman transformation　02.215

J

机电传感器　electromechanical sensor　02.216
机器编码　machine encoding　02.217
机器语言　machine language　01.269
机助检索　computer assisted retrieval　02.218
*机助制图　computer-aided mapping，CAM　02.231
基本空间单元　basic spatial unit，BSU　01.270
基础地图　base map　01.271
基础数据　foundation data　02.219
基础要素数据　foundation feature data　01.272
基于位置服务　location-based service，LBS　02.220
基元　primitive　01.073
基准　datum　01.273
基准面　datum　01.274
吉字节　gigabyte，GB　01.400
集成地理信息系统　integrated geographical information system　01.275
集成空间信息系统　integrated spatial system　01.276
集成数据层　integrated data layer　01.277
集成数据库管理系统　integrated database management system　01.278
集成信息系统　integrated information system　01.279
集[合]函数　set function　01.280
集群计算机　cluster computer　02.221
集群控制器　cluster control unit　02.222
几何基元　geometric primitive　01.281
几何校正　geometric rectification　02.224
几何配准　geometric registration　02.223
计划因子数据库　planning factor database　02.225

计曲线　index contour　01.282
计算机地图制图　computer mapping　02.226
计算机辅助工程　computer-aided engineering，CAE　02.227
计算机辅助评价　computer-assisted assessment　02.228
计算机辅助软件工程　computer-aided software engineering，CASE　02.229
计算机辅助设计　computer-aided design，CAD　02.230
计算机辅助制图　computer-aided mapping，CAM　02.231
计算机集成制造系统　computer integrated manufacture system，CIMS　02.232
计算机兼容磁带　computer compatible tape，CCT　02.233
计算机图形核心系统　graphical kernal system，GKS　02.234
计算机图形技术　computer-graphics technology　02.235
计算机图形学　computer graphics　01.283
计算机图形元文件　computer graphics metafile，CGM　01.284
计算机网络　computer network　02.236
[计算机]文件　file　01.001
加密　densification　02.237
加拿大地理信息系统　Canada geographic information system，CGIS　02.238
加色法三原色　additive primary colors　01.285
加注标记　tagging　02.240
伽利略导航卫星系统　Galileo navigation satellite sys-

K

克里金法　Kriging method　02.272

客户　client　01.318

客户-服务器　client/server, C/S　02.273

空间　space　01.319

空间参照系　spatial reference system　01.320

空间查询　spatial query　02.274

空间尺度　spatial scale　01.321

空间单元　spatial unit　01.322

空间分辨率　spatial resolution　01.323

空间建模　spatial modeling　02.275

空间结构化查询语言　spatial structured query language, SSQL　01.324

空间滤波　spatial filtering　02.276

空间目标　spatial object　01.325

空间属性　spatial attribute　01.333

空间数据　spatial data　01.326

空间数据基础设施　spatial data infrastructure, SDI　01.327

空间数据结构　spatial data structure　01.328

空间数据库引擎　Spatial Database Engine, SDE　02.277

空间数据挖掘　spatial data mining　02.278

空间数据转换标准　spatial data transfer standard, SDTS　01.329

空间索引　spatial indexing　02.279

空间维　spatial dimension　01.330

空间相关　spatial correlation　01.331

空间域　spatial domain　01.332

控制点　control point　01.335

控制[字]符　control character　01.334

块码　block code　01.336

快视　overview　02.280

扩散分析功能　spread analysis function　02.281

扩散函数　spread function　01.337

扩展颜色　extended color　01.338

L

雷达　radar　02.282

[雷达影像]叠掩　layover　02.002

类别　class　01.339

离散数据　discrete data　01.340

历史记录　historic record　01.341

立体　stereo　01.342

连接　concatenation　02.283

连接结点　connected node　01.343

连通性　connectivity　01.344

连续数据　continuous data　01.345

联邦式数据库　federated database　02.284

联合部队　joint force　02.285

联合部队司令　joint force commander　02.286

联合全球情报通信系统　Joint Worldwide Intelligence Communications System　02.287

联合图像专家组格式　Joint Photographic Experts Group Format, JPEG　02.010

联合作战行动计划和执行系统　Joint Operation Planning and Execution System　02.288

联机帮助　on-line help　02.289

链　chain　01.346

链代码　chain code　01.347

链结点图　chain node graph　01.348

亮度　intensity　01.349

邻接　adjacency　01.350

邻接分析　adjacency analysis　02.290

邻接区域　adjacent areas　01.351

邻接图幅　adjoining sheets　01.352

邻接效应　adjacency effect　01.353

邻近分析　proximity analysis　02.291

邻域分析　neighborhood analysis　02.292

临界点　critical point　01.354

临界角　critical angle　01.355

浏览器　browser　02.293

浏览器-服务器　browser/server, B/S　02.294

流式数字化　stream mode digitizing　02.295

*陆地卫星　Earth Resources Technology Satellite　02.098

滤波　filtering　02.296

路径　route　01.356

路径分析　route analysis　02.297

略图　outline map　01.357

轮廓增强　edge crispening　02.298

论域　universe of discourse　01.358

逻辑　logic　01.359

逻辑表达　logical expression　02.299

逻辑重叠　logical overlap　02.302

逻辑存储结构　logical storage structure　01.360

逻辑单元　logical unit　01.361

P

排序　sort　02.328

派生数据　derived data　01.389

＊判定规则　decision rule　01.306

配置　allocation　01.390

配准控制点　tic　01.391

批处理　batch processing　02.329

批处理队列　batch queue　02.330

批处理模式　batch mode　02.331

批处理文件　batch file　01.392

批量更新　bulk update　02.332

片　slice　01.393

偏航角　yaw angle　01.394

＊频带　frequency band　01.396

＊频带宽度　［frequency］bandwidth　01.395

频段　frequency band　01.396

频率图　frequency diagram　01.397

平移　pan　02.333

屏幕拷贝　screen copy　02.334

破碎多边形　sliver polygon　01.398

剖面　profile　02.335

＊谱系图　dendrogram　01.478

Q

起点　start point　01.399

千字节　kilobyte, KB　01.401

嵌入式结构化查询语言　embedded SQL　01.402

情报门类　intelligence discipline　02.336

区域　area　01.403

曲线　curve　01.404

曲线拟合　curve fitting　02.337

全球导航卫星系统　global navigation satellite system,
　GNSS　02.338

全球定位系统　global positioning system, GPS　01.405

全球轨道导航卫星系统　Global Orbiting Navigation
　Satellite System, GLONASS　02.007

全球海洋观测系统　global ocean observation system,
　GOOS　02.339

全球气候观测系统　global climatic observation system,
　GCOS　02.340

全球数字地图　Digital Chart of the World, DCW
　02.341

全球指挥与控制系统　Global Command and Control
　System　02.342

全球制图　global mapping　02.008

全球综合观测系统　integrated global observation system,
　IGOS　02.343

全色的　panchromatic　01.406

缺省　default　02.344

缺省数据库　default database　01.407

缺省文件扩展名　default filename extension　01.408

缺省值　default value　01.409

确认　verification　02.345

R

扰动轨道　disturbed orbit　01.410

人工编码　manual encoding　02.346

人工判读　manual interpretation　02.347

人工神经网络　artificial neural network　02.348

人工智能　artificial intelligence, AI　01.411

人机交互　human computer interaction　02.349

人机界面　human computer interface　01.412

人口统计模型　demographic model　01.413

人口统计数据　demographic data　01.414

人口统计数据库　demographic database　01.415

人口统计图　demographic map　01.416

日期标记　date stamp　02.350

容差　tolerance　01.417

冗余　redundancy　01.418

S

实体类型　entity type　01.463

实体模型　entity model　01.464

实体实例　entity instance　01.465

实体属性　entity attribute　01.466

实体子类　entity subtype　01.467

实用标准　functional standard　01.468

矢量　vector　01.469

矢量-栅格转换　vector-to-raster conversion　02.372

矢量数据　vector data　01.470

矢量数据结构　vector data structure　01.471

*矢量图层　vector layer　01.141

事件　event　01.472

事件时间　event time　01.473

事务处理记录　transaction log　01.474

事务处理数据库　transactional database　01.475

事务时间　transaction time　02.373

视点　viewpoint　01.476

*视见区　viewport　01.477

视口　viewport　01.477

视频获取　video capture　02.374

视频图形阵列[适配器]　video graphic array, VGA　02.375

输出　export　02.376

输入　input　02.377

输入设备　input device　02.378

输入输出　input/output, I/O　02.379

输入数据　input data　02.380

属性　attribute　01.777

属性标记　attribute tag　01.778

属性表　attribute table　01.779

*属性采样　attribute sampling　02.645

属性查询　attribute query　02.644

属性抽样　attribute sampling　02.645

属性代码　attribute code　02.646

*属性精度　attribute accuracy　01.782

属性类别　attribute class　01.780

*属性类型　attribute class　01.780

属性匹配　attribute matching　02.647

属性数据　attribute data　01.781

属性准确度　attribute accuracy　01.782

树状图　dendrogram　01.478

数据　data　01.479

数据安全[性]　data security　01.481

数据保密　data secrecy　01.482

数据编辑　data editing　02.384

数据编码　data encoding　02.385

数据标准化　data standardization　02.386

数据表　data table　01.483

数据表达　data presentation　02.387

数据采集　data capture, data acquisition, data collection　02.388

数据采集点　data collection point　01.484

数据采集平台　data collection platform, DCP　02.389

数据采集区　data collection zone　01.485

数据采集设备　digital capture device, data acquisition equipment, DAE　02.390

数据仓库　data warehouse　01.486

数据操作　data manipulation　02.391

数据操作语言　data manipulation language, DML　01.487

数据层　data layer, data coverage　01.488

数据查询语言　data query language　01.489

数据产品　data product　01.490

数据产品级别　data product level　01.491

数据处理　data processing　02.392

数据传出　data roll out　02.393

数据传输　data transmission　02.394

数据存储　data storage　02.397

数据存储介质　data storage medium　02.398

数据存储控制语言　data storage control language　01.492

数据存档及分发系统　data archive and distribution system, DADS　02.395

*数据存取控制　data access control　02.402

数据存取装置　data access arrangement, DAA　02.396

数据代理商　data broker　01.493

数据单元　data cell　01.494

数据档案　data archive　01.495

数据叠加　data overlaying　02.399

*数据叠置　data overlaying　02.399

数据定义　data definition　01.496

数据定义语言　data definition language, DDL　01.497

数据定义域　data universe　01.498

数据独立存取模型　data independence access model　01.499

数据对象　data object　01.500

数据讹误　data corruption　02.400

数据发布　data dissemination　02.401

数据流方式　data streaming mode　02.438

数据密度　data density　01.540

数据描述记录　data description record　02.439

数据描述语言　data descriptive language　01.541

数据敏感性　data sensitivity　01.542

数据模式　data schema　02.440

数据模型　data model　01.543

数据目录　data catalogue, data directory　01.544

数据拼块　data tile　01.545

数据平滑　data smoothing　02.441

数据屏蔽　data mask　02.442

数据窃取　data voyeur　02.443

数据清理　data cleaning　02.444

数据区　data area　01.546

数据全集　data universe　01.547

数据权限　data right　01.548

数据冗余　data redundancy　01.549

数据矢量化　data vectorization　02.445

数据输出选项　data output option　01.550

数据输入　data input　02.446

数据输入程序　data entry procedure　02.447

数据输入指南　data entry guide　02.448

数据输入终端　data entry terminal　02.449

数据属性　data attribute　01.576

数据[速]率　data rate　01.551

数据缩减　data reduction　02.450

数据探测法　data snooping　02.451

数据提取　data extraction　02.452

数据通道　data channel　02.453

数据通信　data communication　02.454

数据挖掘　data mining　02.455

数据完整性　data integrity　01.552

数据网络　data network　02.456

数据网络标识码　data network identification code　01.553

数据位　data bit　01.554

数据文件　data file　01.555

数据文件维护　data file maintenance　02.457

数据系统　data system　01.556

数据显示　data display　02.458

数据相关性　data relativity　01.557

数据项　data item　01.558

数据信号传输率　data signaling rate　01.559

数据形式化　data formalism　02.459

数据压缩　data compression　02.461

数据压缩比　data compression ratio　01.560

数据压缩程序　data compression routine　02.462

数据压缩系数　data compression factor　01.561

数据掩码　data mask　02.463

数据依赖性　data dependency　01.562

数据语言　data language　01.563

数据域　data field　01.564

数据元素　data element　01.565

数据载体检测　data carrier detection　02.464

数据再聚合　data reaggregation　02.465

数据真实性　data authenticity　01.566

数据志　data lineage　01.567

数据质量　data quality　01.568

数据质量单位　data quality unit　01.569

数据质量定性元素　data quality overview element　01.570

数据质量度量　data quality measure　02.466

数据质量控制　data quality control　01.571

数据质量模型　data quality model　01.572

数据质量评价过程　data quality evaluation procedure　02.467

数据质量评价结果　data quality result　01.573

数据质量元素　data quality element　01.574

*数据质量综述元素　data quality overview element　01.570

数据终端设备　data terminal equipment　02.468

数据主题区　data subject area　01.575

数据准备　data preparation　02.469

数据字典　data dictionary　01.577

数据字段　data field　01.578

数据组织　data organization　02.470

数模转换　digital-to-analog conversion, D/A　02.381

数模转换器　digital-to-analog converter, DAC　02.382

数模转换装置　digital-to-analog device　02.383

数值　digital number, DN　01.579

数字表面模型　digital surface model, DSM　01.580

数字地理空间数据框架　digital geospatial data framework　01.582

数字地理信息交换标准　digital geographic information exchange standard, DIGEST　02.471

数字地面模型　digital terrain model, DTM　01.583

数字地球　digital earth　01.584

*数字地球空间数据框架　digital geospatial data frame-

T

太字节　terabyte, TB　01.659

泰森多边形　Thiessen polygon　02.509

特征　feature　01.617

特征标识符　feature identifier　01.618

特征畸变　characteristic distortion　02.510

特征码　feature code　01.619

特征码清单　feature code menu　02.511

特征频率　characteristic frequency　01.620

特征曲线　characteristic curve　01.621

特征矢量　eigenvector　01.622

特征提取　feature extraction　02.512

特征选择　feature selection　02.513

特征值　eigenvalue　01.623

体　solid　01.624

体系　architecture　01.625

天顶距　zenith distance　01.626

调绘像片　annotated photograph　01.168

贴加　drape　02.514

＊通视性分析　visibility analysis　02.270

通信　communication　02.515

通用对象模型　common object model　01.627

通用计算机　general purpose computer　02.516

通用建模语言　unified modeling language, UML　01.628

通用数据结构　common data architecture, versatile data structure　01.629

通用网关接口　common gateway interface, CGI　02.517

通用作战图　common operational picture　02.518

同步通信　synchronous communication　02.519

统计　statistics　02.520

统计分析　statistical analysis　02.521

＊统一用户接口　unified customer interface　01.631

统一用户界面　unified customer interface　01.631

统一资源定位器　uniform resource locator, URL　01.632

头记录　header record　01.633

头文件　header file　01.634

凸包　convex hull　01.635

凸多边形　convex polygon　01.636

＊凸壳　convex hull　01.635

图　graph, plot　01.637

图标　icon　01.638

图层　coverage　01.639

图层元素　coverage element　01.766

图幅范围　map extent　01.640

[图幅]接边　edge matching　02.249

图幅拼接　map join　02.522

图廓线　border line　01.641

图例　legend, map legend　01.642

图面配置　layout　02.523

＊图示的　graphic　02.552

图像　imagery　01.643

图像编码　image coding　02.525

图像变换　image transformation　02.526

图像处理　image processing　02.527

图像处理设备　image processing facility　02.528

图像处理系统　image processing system　02.529

图像存储系统　image storage system　02.530

图像反差　image contrast　02.531

图像分割　image segmentation　02.532

图像分类　image classification　02.533

图像分析　image analysis　02.534

图像复原　image restoration　02.535

图像校正　image rectification　02.547

图像目录　image directory　01.644

＊图像判读　image interpretation　02.606

图像配准　image registration　02.536

图像匹配　image matching　02.537

图像平滑　image smoothing　02.538

图像情报　imagery intelligence　02.539

图像锐化　image sharpening　02.540

图像输入输出系统　image I/O system　02.541

图像数据采集　image data collection　02.542

图像数据存储　image data storage　02.543

图像数据检索　image data retrieval　02.544

图像[数据]压缩　image data compression　02.524

图像衰减　image degradation　02.545

＊图像退化　image degradation　02.545

图像显示系统　image display system　02.546

W

X

先进甚高分辨率辐射仪 advanced very high resolution radiometer, AVHRR 02.164

现势性 currency 01.693

线 line 01.694

[线]段 segment 01.003

线段交叉 line intersection 02.575

线图层 line coverage 02.576

相对定位 relative positioning 02.577

镶嵌 mosaic 02.578

镶嵌式数据模型 tessellation data model 01.695

像片 photograph 01.696

像片判读 photo interpretation 01.697

*像素 pixel, cell 01.698

像移补偿 image-motion compensation, IMC 02.579

像元 pixel, cell 01.698

像元尺寸 cell size 01.699

像元分辨率 cell resolution 01.700

像元结构 cell structure 01.701

像元码 cell code 01.702

像元图 cell map 01.703

橡皮拉伸 rubber sheeting 02.580

小数的 decimal 01.704

协调世界时 coordinate universal time 01.705

*TCP/IP 协议 Transmission Control Protocol/Internet Protocol, TCP/IP 02.066

信息安全 information safety, information security 01.706

信息采集 information collection 02.583

信息服务 information service 02.584

信息共享 information sharing 02.585

信息管理 information management 02.586

信息管理系统 information management system, IMS 01.707

信息技术 information technology, IT 01.708

信息检索系统 information retrieval system 01.709

信息结构 information structure 01.710

信息科学 information science 01.711

信息空间 cyberspace 01.712

信息率 information rate 01.713

信息内容 information content 02.587

信息视图 information view 02.588

信息提取 information extraction 02.589

信息系统 information system 01.714

形心 centroid 01.716

虚拟地图 virtual map 01.717

虚拟内存 virtual memory 02.590

虚拟现实 virtual reality 01.718

虚拟终端机 virtual terminal 02.591

*序列式通信 serial communication 02.067

悬挂 dangle 02.592

选单 menu 01.031

选单按钮 menu button 02.045

选单盒 menu box 02.046

选单控制程序 menu controlled program 02.047

选单条 menu bar 02.048

Y

验证 validation 02.593

B 样条曲线 B-spline curve 01.004

遥感 remote sensing 01.719

遥感图像处理 remote sensing image processing 02.594

遥感专题图 thematic atlas of remote sensing 02.154

要素 feature 01.720

要素标识码 feature identifier 01.721

要素[代]码 feature codes 01.722

要素属性 feature attribute 01.723

叶结点 leaf node 01.724

页面阅读器 page reader 02.595

一对多 one-to-many 02.596

一致性测试 conformance testing 02.597

遗传算法 genetic algorithm 01.725

以太网 Ethernet 02.598

异步 asynchronism 01.726

异步请求　asynchronous request　02.599

异常值　outlier　01.727

隐藏线消除　hidden line removal　02.600

隐含变量　hidden variable　01.728

隐含属性　hidden attribute　01.729

应用程序　application program　02.601

应用程序接口　application programming interface, API　01.730

应用程序快捷键　application shortcut key　02.602

应用服务商　application server provider, ASP　01.731

应用模式　application schema　02.603

应用模型　application model　01.732

应用软件　application software　02.604

应用系统　application system　02.605

影像　image, imagery　01.733

＊影像目录　image directory　01.644

影像判读　image interpretation　02.606

影像融合　image fusion　02.607

影像扫描仪　image scanner　02.608

影像特征　image feature　01.734

用户　user　01.735

用户标识码　user identifier, user-ID　01.736

用户定义时间　user-defined time　02.609

用户工程师　customer engineer, CE　01.737

用户工作区　user work area　01.738

用户化　customization　02.610

用户界面　user interface　01.739

用户软件　customer software　02.611

用户识别代码　user identification code　01.740

用户文件目录　user file directory, UFD　01.741

用户信息控制系统　customer information control system, CICS　01.742

用户需求分析　user requirements analysis　02.612

用户坐标系　user coordinate system, UCS　01.743

邮政编码　postcode, zipcode　01.744

游标　cursor　02.613

游程编码　run-length coding　02.614

有向图　digraph　01.745

有效时间　valid time　02.615

有效性　validity　01.746

有序参照系　ordinal reference system　01.747

有序时间标度　ordinal time scale　01.748

＊元胞自动机　cellular automata　02.076

元数据　metadata　01.749

元数据集　metadata data set　01.750

元数据模式　metadata schema　02.616

元数据实体　metadata entity　01.751

元数据元素　metadata element　01.752

＊原码　coarse acquisition code, C/A code　01.060

原色　primary color　01.753

原型　prototype　01.754

远程登录　telnet　02.617

远程通信　remote communication　02.618

远程信息处理　teleprocessing　02.619

约束　constraint　02.620

＊越界　overshoot　02.195

Z

载波频率　carrier frequency　01.755

载波相位观测值　carrier phase measurement　01.756

在线　on-line　02.621

在线查询　on-line query　02.622

在线访问　on-line access　02.623

增强模式　enhanced mode　02.624

增强图像　enhanced imagery　01.757

增强型专题制图仪　enhanced thematic mapper, ETM　02.625

增值处理　value adding　02.626

账号　account　01.761

账号名　account name　01.762

兆字节　megabyte, MB　01.008

折点　vertex　01.763

阵列　array　02.627

阵列处理器　array processor　02.628

正射像片　orthophotograph　01.764

正射影像地图　orthophoto map　01.607

＊正态分布　Gaussian distribution　01.224

正投　front projection　02.629

知识库　knowledge base　02.630

执行　execute　02.631

直方图　histogram　01.765

直方图规格化　histogram specification　02.633

直方图均衡［化］　histogram equalization　02.634

直方图匹配　histogram matching　02.635

直方图调整　histogram adjustment　02.632

直方图线性化　histogram linearization　02.636

直方图正态化　histogram normalization　02.637

＊指令　command　02.313

＊指令程序　command procedure　02.314

中心点　center point　01.767

中心透视　central perspective　02.638

中心线　center line　01.768

中央处理器　central processing unit, CPU　02.639

中央子午线　central meridian　01.769

终点　end point　01.770

终结点　terminating node　01.771

主比例尺　principal scale　01.772

主动定位系统　active location system, active positioning system　01.774

主动跟踪系统　active tracking system　01.775

主动［式］传感器　active sensor　01.773

主动数据库　active database　01.776

＊主题数据　data subject area　01.575

注释正射像片　annotated orthophoto　01.784

专家系统　expert system, ES　01.785

专题［地］图　thematic map　01.786

专题属性　thematic attribute　01.787

专题制图　thematic mapping　02.648

专题制图仪　thematic mapper, TM　02.649

准确度　accuracy　01.788

桌面地理信息系统　desktop GIS　01.789

桌面信息与显示系统　desktop information and display system　01.790

姿态　attitude　01.791

字段　field　01.792

字符　character　01.793

字符串　string　01.794

字节　byte　01.795

自动测试系统　automatic test system, ATS　02.650

自动绘图系统　automated drafting system　02.651

自动矢量化　automated vectorization　02.652

自动数据处理　automated data processing　02.653

自动数字化　automated digitizing　02.654

自动数字化系统　automated digitizing system, ADS　02.655

自动索引技术　automated indexing technique　02.656

自动要素识别　automated feature recognition　02.657

自动制图　automated cartography　02.658

自动制图－设施管理系统　automated mapping/facility management system, AM/FM　01.796

自动制图系统　automated cartographic system　02.659

自相关　autocorrelation　01.797

最短距离分类　minimum distance classification　02.662

最短路径　shortest route　01.798

最短路径跟踪算法　shortest path tracing algorithm　02.660

最少存取时间　minimum access time　02.661

＊最少访问时间　minimum access time　02.661

最小外接四边形　enclosing rectangle　02.663

最小制图单元　minimum mapping unit　01.799

最终用户　end user　01.800

作战环境联合情报准备　joint intelligence preparation of the operational environment　02.664

坐标　coordinate　01.801

坐标变换　coordinate transformation　02.665

坐标几何　coordinate geometry, COGO　01.802

坐标系　coordinate system　01.803

坐标转换　coordinate conversion　02.666